JN312939

日本環境学会会長
和田 武 [著]
Wada Takeshi

脱原発、
再生可能エネルギー
中心の社会へ

福島原発事故を踏まえて日本の未来を考える

あけび書房

はじめに

　2011年3月11日、東日本大地震が発生し、同時に東京電力福島第一原子力発電所が地震と津波で冷却機能を失って水素爆発や火災が相次ぎ、環境中に大量の放射性物質が放出されました。「国際原子力事象評価尺度（INES）」で史上最悪のチェルノブイリ事故並の「レベル7」に判定される過酷事故です。

　筆者は、地震国日本では原発の過酷事故が起こり得るとして、原発をつくり続けるべきではないと主張し続けてきたのですが、それが現実になってしまいました。放射能汚染は、長年にわたって人間の住めない、通過することさえできない広範な地域を生み出しつつあります。それらの地域の人々は生活を奪われ、人生を破壊され、そして営々として築き上げられてきた地域社会の文化、伝統、人間関係を根こそぎ消し去ろうとしています。チェルノブイリ事故から原発事故のそういう特性を学び取らなければならなかったのに、日本では過酷事故は起こり得ないとして原発を推進してきた勢力の責任は免れません。

　もはや原発に依存し続けるべきではありません。原発は経済性の面からも優れたエネルギー生産手段でないことも明白になってきました。そこで原発推進はやめるべきですが、同時に地球温暖化防止にも真剣に取り組まなければなりません。地球温暖化は将来的に人類に対してきわめて重大な影響をもたらします。将来、不可逆的で破滅的な現象が起きる可能性さえあります。

エネルギーの安定供給と地球温暖化防止を可能にする手段として再生可能エネルギーがあります。再生可能エネルギーの普及を推進すれば、原子力に依存しなくても地球温暖化を防止することは可能です。しかも、再生可能エネルギー普及は社会にさまざまな好影響をもたらし、より明るい未来を生み出します。

　本書では、まず原発と地球温暖化の危険性について述べ、それらの危険性を同時に回避するために、再生可能エネルギー重視政策へ転換することを提案します。また、再生可能エネルギーの特性を踏まえると、その普及には市民参加が重要であり、そのような普及を通じて持続可能な未来社会を生み出せることを述べます。

2011年5月　　　　　　　和田　武

はじめに

第1章　原発依存社会の危険性 ―福島第一原発事故を踏まえて―

1. 放射線、放射性物質、原子力発電………9
   放射線／放射性物質と原子力発電
   広島原爆1000発分の放射性物質蓄積／放射線による健康影響
   晩発性影響／チェルノブイリ原発事故
2. 福島第一原発事故の発生とその影響………19
3. 福島第一原発事故の本当の原因………21
   自然災害か人災か／筆者が指摘してきたこと／地震学者たちの警告
4. 事故原因をつくり出した社会的背景………26
   政・官・財・学の原発利権癒着／原発関連の交付金
   原発建設から廃棄までの甘い汁／原子力推進政策をつくる人々
   原子力政策機関や電力会社への天下り
   電力会社から研究者への莫大な「寄付金」
   国民を原子力支持にする宣伝・広報・教育

第2章　地球温暖化がもたらす未来危機とそれを回避する条件

1. 人類生存の危機をもたらす地球温暖化………38
2. 不可逆的で回復不可能な現象………39
   海洋酸性化による海洋生物の危機／凍土融解の進行による温暖化加速
   海洋大循環の停滞による気象激変／氷床崩壊による海面の急上昇

3　各国のエネルギー対策の動向………42
4　危機回避に不可欠な温室効果ガスの大幅削減………44
　　危機回避のための温室効果ガス削減
　　原発に依存せず、温室効果ガス削減計画に取り組んだデンマーク
　　ドイツの脱原発・温室効果ガス大幅削減シナリオ
　　欧州諸国の中長期温室効果ガス削減方針と原子力

第3章　原子力と再生可能エネルギー

1　原子力と再生可能エネルギーの特徴………52
　　資源としての特徴／生産手段の特徴
2　住民主導の再生可能エネルギー普及………55
　　デンマークの風力発電と地域暖房
　　ドイツの脱原発下での温暖化対策と再生可能エネルギー発電の普及
　　電力買取補償制度による再生可能エネルギー発電の普及促進
　　再生可能エネルギーの熱・燃料利用分野での普及
　　農村地域を中心に全国に広がる再生可能エネルギー普及推進地域
　　ローデネ村の市民会社がつくった草原太陽光発電所
　　反原発から再生可能エネルギー100％地域づくり

第4章　日本での脱原発・再生可能エネルギー中心の
　　　　　持続可能な社会づくり

1　日本の温室効果ガス削減目標と現状………70
2　日本の再生可能エネルギー普及の現状………72
　　日本と諸外国の再生可能エネルギー利用状況

3　日本での再生可能エネルギー中心の持続可能な社会づくり………77
　　地球温暖化防止と持続可能な社会づくりを目指すエネルギーシナリオ
　　日本の利用可能な再生可能エネルギー資源量
　　日本の再生可能エネルギー電力買取補償制度
　　再生可能エネルギー電力買取補償制度下での飛躍的普及
　　再生可能エネルギー熱利用、燃料利用の推進政策
　　日本の市民参加による再生可能エネルギー普及
　　日本の自治体による再生可能エネルギー普及
　　地域社会の取り組みによる再生可能エネルギー普及促進
　　再生可能エネルギー普及促進による社会的メリット

資料　日本環境学会緊急提言（2011年4月16日）………102
　　「震災復興と脱原発温暖化対策の両立を可能にするために」

おわりに

第1章

原発依存社会の危険性
―福島第一原発事故を踏まえて―

　これまで、日本では電力会社などが、原子力発電がCO_2を排出しないことを理由に「環境にやさしいエネルギー」などと宣伝し、政府も原子力重視のエネルギー政策を採り続けてきました。しかし、原子力発電は、ひとたび重大事故が起きれば、その対応がきわめて困難であり、その被害は非常に深刻なものになることは、チェルノブイリ原発事故で証明されていました。とくに日本のような地震国では、いつ重大事故が起きるかわかりませんから、原発推進政策を採るべきではないのです。そのことは、今回の福島第一原発事故を通じて明確に示されました。同時に、原子力発電用資源のウランは有限で、いずれ枯渇します。ですから、原子力はいつまでも使用し続けられる持続可能なエネルギーではないのです。

　ここでは、まず放射線や放射性物質、原子力発電の本質や特徴を説明し、福島第一原発事故がもたらす影響、日本で原発推進政策が採られ続けた理由と背景について述べることにします。

1 放射線、放射性物質、原子力発電

■放射線

　放射線には、アルファ線、ベータ線、ガンマ線、X線など、多くの種類があります。アルファ線やベータ線は高速の粒子の流れで、粒子線と言われるものですが、ガンマ線やX線は光よりも波長の短い波動です。ですから、物体を貫通する性質とか電気的性質などがそれぞれの放射線で異なります。たとえば、ガンマ線は貫通力が高く、コンクリートの場合は50cm以上の厚さがないと遮蔽できませんが、アルファ線やベータ線は家屋の壁を透過できません。

　しかし、これらはいずれも高いエネルギーをもっており、物質（分子）に照射されると、その物質に化学変化を引き起こす点で共通しています。そのため、人間や生物に放射線が当たると、体内の遺伝子や酵素などに化学変化が生じ、その結果、細胞が死んでしまったり、突然変異を起こして異常な細胞に変わったりして、生体にさまざまな悪影響が現れるのです。突然変異を起こした細胞のうちのある種のものがガン細胞です。

■放射性物質と原子力発電

　放射線を出す能力のことを放射能と言い、放射能を持つ物質のことを放射性物質と言います。自然界にも、多くの種類の放射性物質が存在するので、ある程度の強さの放射線を私たちはいつも受けています。自然界にある放射性物質には、もとから地球に含まれていたものと、宇宙線

の作用によって常時、生成されるものとがあります。また、飛行機などで上空に行くと、高度が上昇するほど宇宙線そのものが強くなります。しかし、普通の生活をしている場合、自然界の放射線は人間の健康に悪影響を与えるほど強くはありません。

　一方、核兵器を爆発させたり、原子力発電所を運転したり、人間が原子力を利用すると、自然界にはない人工の放射性物質ができてきます。通常の原子力発電の場合、燃料にはウランが使用されます。ウランにはウラン238とウラン235がありますが、ウラン235には核分裂性があり、その核分裂の際に発生するエネルギーを利用するのです。ところが、天然ウラン中のウラン235は0.7％しかないので、ウラン235の濃度を高めて（濃縮して）、原子爆弾などの核兵器の場合は80％以上、原子力発電用燃料では3～5％にして使用します。

　ウラン235に中性子が当たると、直ちに原子核がまっ二つに割れる核分裂が起こり、半分くらいの大きさの二つの原子になるのですが、同時に2～3個の中性子も飛び出します。また、その際に大きなエネルギーが発生します。ウラン235の濃度が高いと、核分裂の際に飛び出した中性子が、別のウラン235に当たってまた核分裂を起こす、というように連続して核分裂連鎖反応が起こります。核兵器の場合は、ウラン235の濃度が非常に高いために、瞬時にして連鎖反応が進み、莫大なエネルギーを発生させるのです。同時に、ヨウ素131、セシウム137、ストロンチウム90、クリプトン89などの核分裂生成物ができますが、これらはすべて強い放射線を出す人工の「高レベル放射性物質」で「死の灰」と呼ばれるものです。

■広島原爆1000発分の放射性物質蓄積

　原子力発電の場合は、ウラン235の核分裂を一気に起こさせるのでな

く、制御しながら持続的に起こさせて、それによって発生するエネルギーで水を沸騰させて発電に利用しています。しかし、核分裂で人工の高レベル放射性物質が生成することには変わりがありません。代表的な人工放射性物質とその半減期や出す放射線の種類を表に示しました。放射性物質の原子核は不安定で、放射線を出しながら、一定の確率で崩壊して別の原子に変化します。半減期とは、その放射性物質が半分になる期間のことです。ヨウ素131などの半減期の短い物質は生成後の短期間に強い放射線を出し、セシウム137やストロンチウム90などのように30年ほどの半減期の物質は、長期間にわたって放射線を出し続けることになります。

表1　人工放射性物質の半減期と放射線

放射性物質	半減期	放射線	内蔵量（百万 Ci）[*1]
クリプトン85	10.76年	β	0.6
ストロンチウム89	50.5日	β、γ	110
ストロンチウム90	27.7年	β	5.2
ルテニウム103	39.5日	β、γ	100
ルテニウム106	1.01年	β、γ	19
テルル129	1.1時間	β、γ	10
テルル132	3.24日	β、γ	120
ヨウ素131	8.05日	β、γ	85
キセノン133	5.3日	β、γ	170
セシウム134	2.1年	β、γ	1.7
セシウム137	30年	β、γ	5.8
バリウム140	12.8日	β	160
セリウム141	32.5日	β、γ	160
セリウム144	284日	β、γ	110
プルトニウム239[*2]	24390年	α	0.01

＊1　Ci＝キュリー　1 Ci＝370億ベクレル
＊2　核分裂生成物ではない。ウラン238に中性子が当たると生成する。

北海道電力泊
- 1号　57.9万kW
- 2号　57.9万kW
- 3号　91.2万kW

電源開発大間
- △　　138.3万kW

東北電力東通
- 1号 110.0万kW

東京電力東通
- △ 1号 138.5万kW

東北電力女川
- 1号　52.4万kW
- 2号　82.5万kW
- 3号　82.5万kW

東京電力福島第一
- 1号　46.0万kW
- 2号　78.4万kW
- 3号　78.4万kW
- 4号　78.4万kW
- 5号　78.4万kW
- 6号 110.0万kW

東京電力福島第二
- 1号 110.0万kW
- 2号 110.0万kW
- 3号 110.0万kW
- 4号 110.0万kW

日本原子力発電東海
- ☐ 東海　　16.6万kW
- ● 東海第二 110.0万kW

東京電力柏崎刈羽
- 1号 110.0万kW
- 2号 110.0万kW
- 3号 110.0万kW
- 4号 110.0万kW
- 5号 110.0万kW
- 6号 135.6万kW
- 7号 135.6万kW

中部電力浜岡
- ☐ 1号　54.0万kW
- ☐ 2号　84.0万kW
- ● 3号 110.0万kW
- ● 4号 113.7万kW
- ● 5号 138.0万kW

北陸電力志賀
- 1号　54.0万kW
- 2号 135.8万kW

日本原子力発電敦賀
- ● 1号　35.7万kW
- ● 2号 116.0万kW
- ※ 3号 153.8万kW
- ※ 4号 153.8万kW

日本原子力研究開発機構
- ？ふげん　16.5万kW
- ×もんじゅ 28.0万kW

関西電力高浜
- 1号　82.6万kW
- 2号　82.6万kW
- 3号　87.0万kW
- 4号　87.0万kW

関西電力大飯
- 1号 117.5万kW
- 2号 117.5万kW
- 3号 118.0万kW
- 4号 118.0万kW

関西電力美浜
- 1号　34.0万kW
- 2号　50.0万kW
- 3号　82.6万kW

中国電力島根
- ● 1号　46.0万kW
- ● 2号　82.0万kW
- △ 3号 137.3万kW

中国電力上関
- ※　　137.3万kW

四国電力伊方
- 1号　56.6万kW
- 2号　56.6万kW
- 3号　89.0万kW

九州電力玄海
- 1号　55.9万kW
- 2号　55.9万kW
- 3号 118.0万kW
- 4号 118.0万kW

九州電力川内
- 1号　89.0万kW
- 2号　89.0万kW

図1 日本の原子力発電所の分布[1]

●	運転中	54基	4911.2万kW
△	建設中	3基	414.1万kW
×	試運転中断	1基	28.0万kW
※	安全審査中	3基	444.9万kW
⊠	閉鎖	4基	171.1万kW

2011年3月10日現在

北海道電力泊
電源開発大間
東北電力東通
東京電力東通
東北電力女川
東京電力福島第一
東京電力福島第二
日本原子力発電東海第二
東京電力柏崎刈羽
北陸電力志賀
中部電力浜岡
中国電力島根
中国電力上関
九州電力川内
九州電力玄海
日本原子力発電敦賀
日本原子力研究開発機構 ふげん もんじゅ
関西電力美浜
関西電力大飯
関西電力高浜
四国電力伊方

日本で並の発電規模である100万キロワット級の原子力発電所を1日運転しただけで、人工高レベル放射性物質が約3kg発生します。広島の原爆が発生させた「死の灰」は約1kgと推定されていますから、その3倍にもなる量です。ですから、長期間運転された原子炉には大量の高レベル放射性物質が溜っています。原子炉を1年間フル運転した場合、燃料のなかに高レベル放射性物質は広島原爆の約1000発分も蓄積されていることになるのです。

　したがって、原発の過酷事故が起きると、チェルノブイリ事故でも福島第一原発事故でもみられたように、放射能汚染により制御がきわめて困難あるいは不能な状態に陥るのが特徴です。放射能強度が増大し、作業員が立ち入れなくなったり、限られた時間でしか作業をできなくなったりすれば、事故処理もきわめて困難になってしまいます。さらに重要なことは、高レベル放射性物質による高度な汚染が起きれば、それらの地域は、数十年あるいは百年以上もの長期間、居住も通過もできなくなってしまいます。火力発電所や化学工場などの重大事故などとはまったく異なるのです。

　日本には、現在、17か所の原子力発電所、54基の発電用原子炉があり、総設備容量は4885万kWで日本の電力の約3割を賄っています。原子力発電所は図1に示すように、全国13道県の海岸地帯に設置されています。どの原子力発電所でも巨大地震や大津波が襲う可能性があることを否定できません。

■放射線による健康影響

　自然界にも放射性物質があり、私たちは弱い放射線をいつも浴びています。その強さは、日本では1時間当たりの被曝量にして0.1マイクロシーベルト程度、世界平均では0.2マイクロシーベルト程度です[2]。シー

ベルトは放射線が人間に与える影響の度合いを示す単位で、マイクロは100万分の1を意味します。1時間当たり0.1マイクロシーベルトの放射線を1年間浴びると、約1ミリシーベルトの被曝をすることになるわけですが、この程度の被曝をしても、私たちは健康に悪影響を受けることはありません。

　ところが、放射線を短期間に大量に被曝すると確定的な健康影響が現れます。たとえば、500ミリシーベルトの被曝で血中のリンパ球が減少しますし、1シーベルトになると悪心、嘔吐、全身倦怠などを催します。1.5シーベルト以上になると白血球減少や免疫力低下などが現れ、死亡に至る場合もあります。4シーベルトを被曝した人の半数が死亡しますし、7シーベルト以上を被曝した人は全員、間違いなく命を落とします。被曝直後に死ぬわけではありませんが、1年以内には亡くなります。このような放射線による影響を「急性影響」と言います。今回の福島原発事故後に、テレビの解説などで「現在の放射能レベルは直ちに健康に影響をもたらすものではありません」という表現がよく使われましたが、この「直ちに影響」というのは「急性影響」のことです。

　急性影響の事例として、1999年9月30日に起きたJCO臨界事故では3名の作業員が大量被爆しました。放射線医学研究所で手厚い治療を受けましたが、推定で16〜20シーベルトを被爆した方は83日後に、また6〜10シーベルトを被爆した方は211日後にいずれも多臓器不全により亡くなりました。全身の細胞が壊死していくために、助かりようがないのです。推定で1〜4.5シーベルトを被爆した方は、骨髄移植を受けてなんとか退院できました。

■晩発性影響

　このような大量の被曝でない、少量の被曝の場合でも、かなりの期間

第1章　原発依存社会の危険性

を経て、ある確率で白血病、癌、白内障、寿命短縮、不妊、遺伝的影響などをもたらします。このような放射線影響を「晩発性影響」と言います。

　国際放射線防護委員会（ICRP）の2007年勧告[3]では、比較的高い線量で短時間でも低い線量で長期間でも1シーベルトを被爆した人の5.5％は癌になり、0.2％に遺伝的影響が現れるとしています。遺伝的影響とは、放射線の作用により遺伝子に傷がつき、被爆者の子孫に遺伝障害が現れるものです。また、被曝がもたらすあらゆる影響での致死率は約5％としています。個人としては死亡する確率は高くないと言えますが、人口の多い集団になると多数の人々が影響を受けることになります。

　晩発性影響について例を挙げて説明しましょう。

　仮に1時間当たり平均10マイクロシーベルト（μSv）の放射能汚染地域に10万人が10年間住み続けたとすると、集団全体で10μSv/h×24h／日×365日／年×10年×10万人＝87600人・シーベルトを被爆することになり、その5.5％に相当する4818人が癌になり、175人に遺伝的影響が現れ、4380人が死亡することになるのです。

　もちろん、放射能汚染度が高かったり、汚染地域の人口が多かったり、滞在年数が長くなったりすれば、それに比例して被害者が増加することになります。福島第一原発がある福島県大熊町には100マイクロシーベルト以上の地域が広がり、30km以上離れた地域でも10マイクロシーベルト以上が観測されています。

　このように急性影響が出ない100ミリシーベルト以下の年間被曝でも、一定の割合で発癌や死亡に至ることがわかっていますから、放射能で汚染された地域の人口と居住年数から被害を推定できるのです。したがって、高い放射能汚染が起きた地域には、居住できません。鉄道や道路で行き来すると汚染を広げかねませんから、通過するのも好ましくありません。

■ チェルノブイリ原発事故

　1986年に起きたチェルノブイリ原発事故では、急性影響による死者は31名とされています。事故直後の発電所周辺は相当高い放射能汚染があったわけですが、放射能の危険性も十分に知らされないまま、60万人〜80万人という多数の人々が事故処理にあたったと言われます。リクビダートルと呼ばれる、これらの人々には晩発性影響がみられ、癌などの発生率も高く、平均寿命は50歳前後だそうです。事故によるリクビダートルの死者数については、IAEA、WHO（世界保健機構）など国連8機関にウクライナ、ベラルーシ、ロシアの代表が加わって2003年に結成さ

図2　チェルノブイリ原発事故によるセシウム137汚染地図[5]
単位の1Ci（キュリー）＝370億Bq（ベクレル）

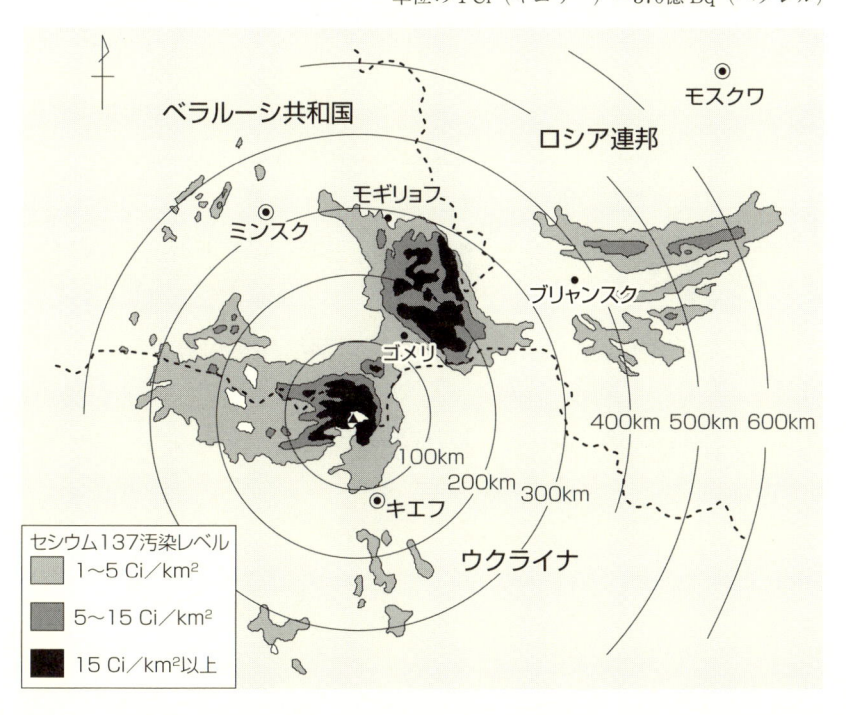

セシウム137汚染レベル
- 1〜5 Ci／km²
- 5〜15 Ci／km²
- 15 Ci／km²以上

第1章　原発依存社会の危険性

れた「チェルノブイリ・フォーラム」は3940人と推定しました[4]。

　ベラルーシ、ウクライナ、ロシアの三国で、移住対象となっているセシウム137の汚染が15キュリー／km^{2}以上の面積は、図にあるように半径300km程度の範囲の1万km^{2}以上に広がっています[6]。これらの地域の13万5000人が強制的に避難させられました。1キュリー／km^{2}以上の汚染地域は、半径600kmを越える13万km^{2}という広大な範囲に広がっており、いまでも600万人以上の人々が居住しています。これら三国以外に、スカンジナビア諸国などのヨーロッパにも汚染が広がりました。

　これらの汚染による晩発影響での世界全体の死者数についても評価結果が報告されおり、キエフ会議の報告では3万〜6万人[7]、グリーンピースは9万3000人[8]と推定しています。もっと多いという推定もあります[7]。

　このように重大事故が起きると、計り知れないほどの影響をもたらす原発については、「予防原則」の立場からつくるべきではありません。地震国でなくても、テロや戦争、設計ミスや施行ミス、あるいは運転ミスなど、原発事故を引き起こす要因はあるからです。そのことをチェルノブイリ事故から私たちは学ばねばならなかったのです。

　実際に、そういう視点から、原発を保有しないことを決定している国はいくつもあります。オーストリア、デンマーク、ポルトガル、アイルランドなどは原発を保有しない方針です。保有している国でも、ドイツのように古くなった原発を次第になくしていき、将来的に全廃する方針をとっている国もあります。これらの諸国は、いずれも再生可能エネルギー普及に努めている点で共通しています。

2 福島第一原発事故の発生とその影響

　2011年3月11日午後に発生した東北・太平洋沖を震源とするマグニチュード9.0の巨大地震により、東北地方、関東地方を中心に莫大な被害がもたらされました。同時に、東京電力福島第一原子力発電所では、運転用の電源や冷却装置などが地震と津波で損壊し、原子炉や核燃料貯蔵プールの冷却ができなくなり、炉心溶融、水素爆発、火災、建屋損壊などが相次ぎ、大気・土壌・海洋の広範な環境に放射能汚染が広がりました。

　4月12日、政府は今回の事故について、原発事故の深刻度を示す「国際評価尺度（INES）」で最悪の「レベル7」に相当すると発表しました。この時点までに放出された放射性物質の量は、37万テラベクレル（保安院）から63万テラベクレル（原子力安全委員会）と推定されました[9]。これはレベル7の基準である数万テラベクレルの一桁も高いレベルだったのです。史上最悪の原子力事故とされる旧ソ連のチェルノブイリ原発事故では推定で520万テラベクレルが放出されたとされています。それと比較すると低いのですが、福島原発事故は2ヵ月経過した今も終息しておらず、放射性物質はまだ放出され続けています。ですから、東電の松本純一原子力・立地本部長代理は、「放出量がチェルノブイリに匹敵する、もしくは超えるかもしれない懸念を持っている」と述べたのです。

　大地や大気に放射能汚染が広がって、多数の近隣の住民たち（30km圏で8万2000人以上）は、地震と津波の被害に加えて、放射能汚染によって居住地域から避難せざるを得なくなり、平穏な生活とそれを支える仕事の場まで失うことになりました。30km以上離れた飯舘村（人口6152人）や川俣町（1万5643人）など、放射性物質が風に乗って流れていった

地域や雨に含まれて地上に落ちた地域では、健康に被害をもたらす濃度の放射性物質が大地にたまり、やはり避難を余儀なくされています。この地域の人々は東京電力の電気を使用しているわけではありません。それにもかかわらず、原発事故によって現在の生活も今後の人生も狂わされてしまったのです。

　福島第一原子力発電所には6基、総出力548万kWの原子炉があります。1号機から6号機までの各原子炉には、核燃料が入っている圧力容器と使用済み核燃料などを保管するプールがあります。これらの核燃料には放射性物質が含まれるため、それらの物質が放射線を出しながら崩壊する際に熱を発生し続けます。核燃料を冷却できなくなると、崩壊熱で燃料棒の被覆管が損傷したり、燃料そのものが融解したりします。また、被覆管の材料であるジルコニウムは1000℃以上になると、水と反応して水素を発生させ、水素爆発で建物などが損傷します。こうして、気体のクリプトン85や揮発性のヨウ素131などだけでなく、セシウム137、ストロンチウム90などの多種類の放射性物質が放出されることになりました。

　福島第一原発事故によって、国際放射線防護委員会が勧告している、一般市民が1年間に受けてもよいとされている1ミリシーベルト（自然放射線を除く）を超えそうな地域は、福島県全域に、さらに県外に広がっています。また、その10倍の年間被曝量が10ミリシーベルトを超えそうな地域が50kmを越えて広がり、100ミリシーベルト以上になりそうな地域が30kmを越えて広がりつつあるのです。100ミリシーベルト以上というのは、直ちに健康障害をもたらすものではありませんが、明らかに健康に悪影響を与える量です。今回の原発事故がとてつもなく大きな影響をもたらしたことは間違いありません。

3 福島第一原発事故の本当の原因

■自然災害か人災か

　福島第一原発事故の直接的な原因は、マグニチュード9.2の巨大地震が発生し、大津波が襲来したことにあります。そのことによりすべての電源が失われ、原子炉内や燃料貯蔵プールの冷却ができなくなり、燃料が空焚き状態になって、高温になったために、水素爆発や炉心溶融などが起こり、大量の放射性物質が放出されたわけです。

　事故直後から、東京電力は「想定外」の事態が発生したために、事故が起きたと言い続けてきました。原子力の専門家たちの多くもテレビや新聞などの解説でそういう発言をしていました。つまり、やむを得ない自然災害であるということです。

　しかし、本当の事故原因はそうではありません。日本のように地球のプレートの境界に位置する国では、巨大地震が起きることは当然、あり得ることですし、巨大津波が押し寄せることもあり得ることなのです。地震や津波の規模に一定の上限を定めた想定をし、その範囲内での対応しかしてこなかったことが、今回の事故の本当の原因なのです。自然の力を甘く見過ぎていた人災なのです。

■筆者が指摘してきたこと

　しかも、そのような巨大地震や大津波の危険性を指摘してきた人は、決して少なくないのです。筆者は、「地震国の日本には至る所に活断層があり、阪神大震災級の地震による重大事故の発生も否定できない。と

にかく、原発の重大事故は一度起きれば、広範囲かつ長期に破滅的影響を与えるだけに、原発を柱にするようなエネルギー政策をとるべきでない」[10]、「『安全の確保を大前提に』あるいは『徹底した安全の確保を絶対的な前提と』する場合、地震国・日本では原発推進が不可能なことは明らかである」「浜岡原発などは直下で東海大地震が発生しても不思議ではない場所にある。『徹底した安全の確保』は、原発を日本に設置しない以外にあり得ない」[11]というような主張をし続けてきました。

　図3に1963～1998年に発生した358,214の地震の位置をプロットした地図を示しましたが、地球のプレートの境界を中心に地震が発生していることがわかります。日本は国の形が見えないほど膨大な数の地震が発生しており、震度5以上の大きな地震の20％が日本で発生していると言われます。

　拙著『環境と平和』[13]でも「原子力発電拡大政策の問題点」という項を設け、「原子力立国計画」を掲げて原発を大幅拡大していた、当時の自公政権の政策の誤りについて述べています。その一部を抜粋しておきます。

「日本の原子炉は55基、建設中が3基、計画中が11基あります。過酷事故が絶対に起きないという保証があればいいのですが、そう言い切れないのです。まず、日本は世界トップクラスの地震頻発国です。どこでいつ大地震が発生するかわからない、地震の巣のような国土に原発を建設している例は日本と台湾以外にありません。柏崎刈羽原発のように2007年7月の中越沖地震（最大加速度は1018.9ガル）の被害で長期に停止せざるを得ない事態も起きています。

　最近だけでも、最大の揺れ（加速度）が原発の耐震基準を遥かに上回る地震はいくつも起きています。日本の原発の耐震基準は最高でも800ガルですが、2008年6月の岩手・宮城内陸地震が1816.5ガル、2004年10月の新潟県中越地震で2515.4ガル、2003年7月の宮城県地震で2037.1ガ

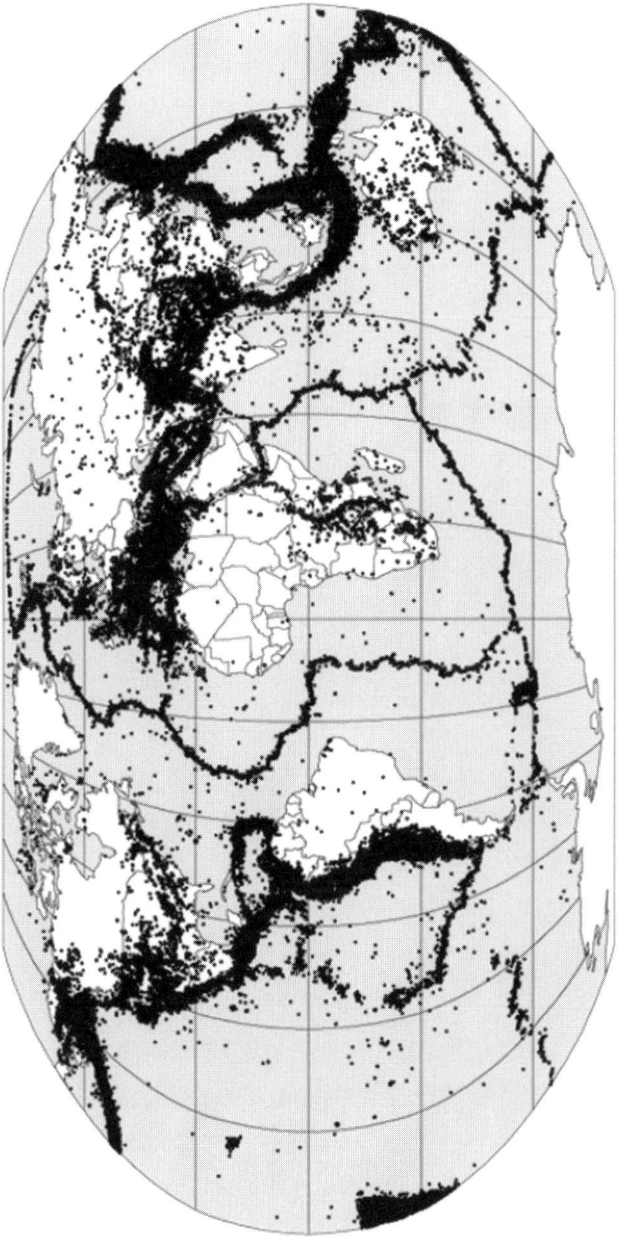

図3 世界の地震地図（1963〜1998年に発生した358,214の地震の位置）[12]

ルという最大加速度を観測しているのです。

 しかも、原発の耐震基準は近くにある断層から規模を推定して定めてきましたが、岩手・宮城内陸地震のように、これまで見つかっていなかった断層で起きる場合もあるのです。東海大地震の震源域にある浜岡原発をはじめ、すべての原発立地で耐震基準を大幅に上回る地震が起きる可能性はあるのです。日本のような地震国に原発を建設すること自体、問題であると言えます」

■地震学者たちの警告

 地震学者の石橋克彦氏（神戸大）は、地震による原子力発電所の苛酷事故の危険性を指摘してきました。1997年に発表した論文「原発震災—破滅を避けるために」[14]のなかで、「大地震が恐ろしいのは、（中略）たとえば外部電源が止まり、ディーゼル発電機が動かず、バッテリーも機能しないというような事態が起こりかねない」と今回の事故と同様の事態を推定しています。

 また、「活断層がなくても直下の大地震が起きる」とし、1948年の福井地震など過去の例を挙げ、「いずれも、活断層がないところで発生した」として指摘しています。浜岡原発については「1854年の安政東海地震（M8.4）では、M7〜7.5の最大余震が天竜川河口付近でおこったが、そのようなものが本震と同時か直後に浜岡直下で起こる可能性もあると警告しています。また、「日本海側の原発はどこでも、直下でM7級の大地震が起こっても不思議ではない」と指摘し、原子炉がひしめく若狭湾地域の危険性を指摘しています。日本の大地は活断層の巣のようなもので、活断層がみつかっていないところでも大地震は起こりうるのです。二つ目の過酷事故の可能性も残っているのです。

 鈴木康弘（名古屋大学）・渡辺満久（東洋大学）・中田　高（広島工業大

学）の各氏[15]も、各原発の周辺で想定されている活断層以外にも多くの活断層の存在を指摘しています。

今回のような大規模な津波を伴う連動型広域震源地震は、最高38.2mの高さの大津波を起こした1896年の明治三陸沖地震や、平安時代の869年に東北に大津波をもたらした「貞観地震」などが知られています。産業技術研究所の岡村行信氏は、2009年6月の原発の耐震指針の改定を受けて電力会社が実施した耐震性再評価の中間報告書案を検討する経済産業省審議会で、「貞観地震」に関する調査研究の成果に基づき、東京電力の想定より比べものにならない大きい津波がくると指摘したそうです。それにもかかわらず、東京電力は考慮の対象外として無視したのです[16]。

大津波がなくても、直下型の超巨大地震による事故も否定することはできません。上述の筆者の指摘のように、最近でも原発の耐震基準を遥かに上回る地震はいくつも起きています。1960年5月に起きた有史以来最大のチリ地震はマグニチュード9.5でしたが、それ以上の地震でさえ起きないという保証はないのです。大きな地割れが原発の直下で起きることも考えられないことではありません。

そういうことを無視して、政府はエネルギー基本計画で「原子力立国計画」（自公政権）とか「原子力は基幹エネルギー」（民主党政権）と称して、原子力推進政策をとり続け、多重防護を備えた日本の原発は安心と国民を欺き、地震国日本に多数の原発をつくり続けてきたことが、今回の事故をもたらしたのです。

4 事故原因をつくり出した社会的背景

　1986年にチェルノブイリ事故が起きてから、原発事故が他の事故とは異なる重大影響がもたらされることを知り、欧米諸国では原発増設に歯止めがかかるようになりました。ところが、日本では「日本の原発はソ連の黒鉛炉とは異なり、安全だ」とか「技術力の高い日本ではあり得ない事故」という趣旨の主張が多く、その後も原発の増設が続きました。日本と世界、欧米の原子炉の基数の推移をみると、そのことがよくわかります。日本は1989年比で1.4倍にも増加していますが、欧米の先進国では減少傾向、世界では韓国や中国などで増加してきたにもかかわら

図4　世界と先進国の原子力発電所基数の推移
（1989年を100とした場合）

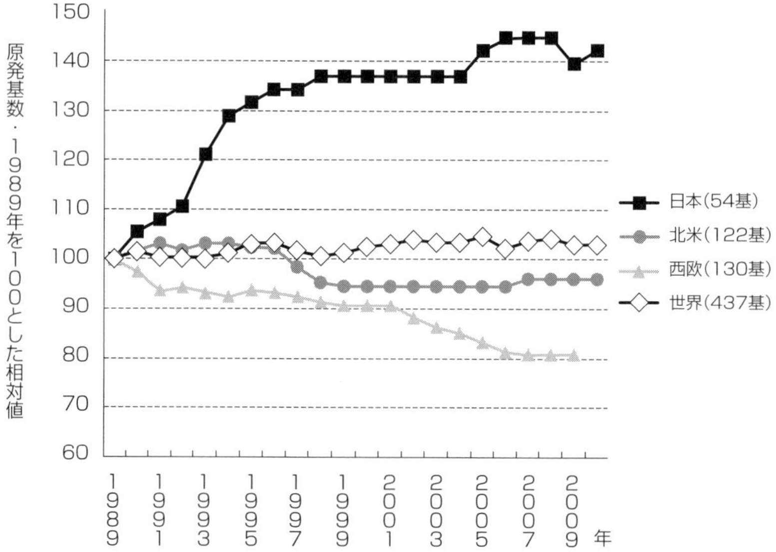

ず、全体としての増加率は日本よりはるかに低いのです。

■政・官・財・学の原発利権癒着

　日本の原子力推進政策が、チェルノブイリ原発事故などの影響を受けずに維持され続けた背景にはなにがあったのでしょうか。

　それは、電力会社や原発プラントメーカー、原発建設に関わる土建会社などの企業利益を求め続けた産業界、それらと結びついて原発推進政策案をつくり、天下り先を確保して利権を得てきた経産省などの官僚、原発の危険性を訴える科学者や国民の声に耳を傾けず産業界や官僚の言いなりにエネルギー政策を採用してきた与党の政治家たち、そして国や産業界から多額の研究費を得て原発の安全性を強調し建設推進の役割を果たしてきた科学者たち、そういう勢力が利権を守り続けようとしてきたからです。そのために、国や電力会社などは、原子力についての一方的な教育、啓蒙、広報活動に莫大な資金を注ぎ込み、国民に「原子力は安全だ」「原子力は環境にやさしい」と思わせてきたのです。

　電力会社は、原発についてはCO_2排出量が０であるから「環境にやさしい」と称して宣伝し、建設し続けました。ところがその一方で、CO_2排出量が最大の石炭火力発電所も、日本の電力会社は増やし続けてきました。地球温暖化防止に必要な温室効果ガス排出量を削減するには、石炭火力発電所の増設は避けるべきです。石炭火力でCO_2を増やしながら、CO_2削減のために原発をつくりましょうと言い続けてきたのです。その結果、日本の電力生産当たりのCO_2排出量は増加し続け、国際原子力機関（IEA）に加盟する30の先進国中、排出量の低い順では20位になっています。結局、石炭火力と原発は電力会社にとって発電コストが低く、最大の利益を挙げる上で好都合な発電手段であったから増加させていたに過ぎません。

■原発関連の交付金

　ただし、原発の発電コストは、電力会社からみれば低いのですが、それは国家財政つまり国民の税金が注ぎ込まれてきたからにほかなりません。私たちは、電気料金を支払う際に、1kW時当たり0.375円の税金を払っており、平均的な家庭で毎月130円程度を負担しています。これは「電源開発促進税」といい、税収総額は毎年3500億円以上もあります。そのなかから1kW時当たり0.19円分が、「特別会計に関する法律（旧電源開発促進対策特別会計法）」と「発電用施設周辺地域整備法」に基づいて電源立地対策として発電所周辺の自治体に公共施設整備や防災対策などに交付金が出されています。毎年、その7割ほどの1100億円前後が原子力発電所周辺自治体に交付されてきました。このような国家財政からの支出を加えれば、原発の発電コストは火力発電や水力発電よりも高いことが明らかにされています[17]。

　この交付金は、普通の自治体であれば、自らの予算で賄うことになる学校、消防署、公立病院などのインフラ整備や運営などに使用され、財源不足の地方自治体は、多額の交付金や雇用の増加が目当てで原発建設を受け入れてきたのです。東京に電力を供給する原発が、東京電力管外の福島に建設されているのも、関西電力の原発のほとんどが管内の東北端にある福井県に集中的に建設されているのも、交付金なしには考えられないことです。

　福島、新潟、福井、青森などの原子力関連施設がある県には、毎年、100億円前後の交付金が出ています。また、原発周辺の市町村にも別途、交付金があり、福井県下の市町の場合、年間総額で約100億円にのぼっています。原発が立地する市町村の財政に占める原発関連の交付金比率は、ほぼ20～40％にもなっていますから、自治体にとってはやめるわけにはいかなくなってしまいます。

■原発建設から廃棄までの甘い汁

　原子炉などを製造するプラントメーカーやその関連企業、さらに設置を請け負う土木建築会社などにとって、１基の建設費が4000億円前後と言われる原発は莫大な利益をもたらします。日本の原子力発電プラントメーカーである三菱重工、東芝、日立の三社を中心に原子力関連企業は数百社にのぼると言われます。過去の最高時の1990年代初めには、それらの総売上高は２兆円以上にも達し、現在でも１兆円以上あるとみられます。これだけの事故があっても、メーカーは原子力プラント製造や海外への売り込みの継続を言明しています。

　しかも、今回のような過酷事故が起きても、メーカーは電力会社のように責任を追及されたり、賠償を求められたりすることはありません。日立製作所の中西宏明社長は、原発の製造責任について「国の基準にのっとって設計しており、責任を問われる立場でないと思っている」と述べています[18]。東芝の佐々木則夫社長も「長期的には原発の必要性は変わらない」として、原子力事業を経営の柱とする戦略をとり続ける考えを表明しています[19]。

　原子力関連企業にとっては、原発は建設段階だけでなく、廃棄されるまでずっと収益源になるのです。運転中の機器の補修や交換、事故に伴う処理もそうです。福島第一原発の事故処理でも復旧作業や汚染水処理装置の納入などを受注したりしています。さらに、原子炉を廃棄する際には、プラントメーカーが廃炉処理を請け負ったりして、莫大な利益を得ることができるのです。

■原子力推進政策をつくる人々

　官僚や政治家も、原子力関連産業や原子力研究者たちと一体になっ

て、原発推進政策を策定、実行しつつ、甘い汁を吸ってきました。自らの利権を確保したいがゆえに、原発推進政策を変更することなく、むしろ強化してきたとも言えます。

　日本では、エネルギー政策の基本方針として「エネルギー政策基本法」があり、それに沿って「エネルギー基本計画」が策定されています。これらのなかで、前述しましたが、自公政権時代には「原子力立国計画」、民主党政権になってからは「原子力を基幹エネルギーとして推進する」という表現が使われています。いずれの政権も、原子力を強力に推進する点では変わりませんでした。その方針にのっとって、原子力の研究、開発、利用に関しては「原子力基本法」に沿って策定された「原子力政策大綱」を基本として推進してきました。このような原子力推進政策の策定はどのような人々によっておこなわれてきたのでしょうか。

　原子力政策大綱は、内閣府の原子力委員会が中心となって、有識者や一般の意見を聴取したうえで、それを踏まえて審議委員会を設置して議論され、策定することになっています。現在の原子力政策大綱は2005年に策定され、今後10年程度の原子力の基本方針として閣議決定されています。

　ところで、内閣府に置かれた原子力委員会とはどういう組織でしょうか。現在の委員長は東大の原子力研究総合センター長などを務めたK氏、委員長代理は元・財団法人電力中央研究所[20]研究参事のS氏、3名の委員の1人は東京電力株式会社顧問で前東京電力原子力技術部長のO氏です。つまり、原子力推進研究者を委員長に電力業界の代表2名が加わり、他の2名の委員は原子力の専門家でない女性委員からなっているのですから、容易に原子力推進の方針を打ち出せるわけです。

　2010年11月、原子力委員会は「原子力政策大綱」を見直す方針を表明し、高速増殖炉開発の推進、高レベル放射性廃棄物処分場選定への国の

関与強化、原発輸出政策の強化などを盛り込んだ大綱を2012年頃に決定する意向でした。事故の危険性が高く、多くの国が開発を諦めた高速増殖炉の開発、いまだに定まらない高レベル放射性廃棄物処分場を強引に決定できる体制づくり、諸外国への原発プラントの売り込みを政府も先頭に立って国を挙げて推進（トップセールス）など、まさに電力・原子力業界の意向に沿って、これまで以上に強力に国内外で原発を推進するための見直しをしようとしていたのです。

■原子力政策機関や電力会社への天下り

こうして策定された原子力政策の執行機関の多くは、官僚や原子力産業界首脳、原子力科学者の再就職の場となって、彼らに利益をもたらしています。官僚の天下りの実態をみてみましょう。

たとえば、独立行政法人「原子力安全基盤機構」は、原子力の安全の確保のための基盤整備を図る目的で、原子力施設の設計に関する安全性の解析や評価、施設の検査などをおこなう、予算総額207億円、職員426名の組織ですが、その理事長と理事3人のうちの2名は、経済産業省の前身である通産省の出身です。

財団法人「原子力発電環境整備機構」は、高レベル放射性廃棄物（ガラス固化体）などの処分施設建設地の調査・選定から建設・操業・閉鎖などの地層処分事業をおこなう団体ですが、常勤役員6名のうち2名が経済産業省の元官僚です。

独立行政法人「原子力環境整備促進・資金管理センター」は、放射性廃棄物の調査研究機関として、調査研究と資金管理の活動をおこなっています。理事長を含む常勤の理事、監事は4名ですが、そのうち専務理事は元経済産業大臣官房付、常勤監事は元通産省の官僚です。この機関の資金積立て残高は7530億円にものぼっています。

原子力関連の法人は、それら以外にも数多くあります。財団法人では原子力安全研究協会、原子力安全技術センター、原子力国際協力センター、原子力発電技術機構、原子力研究バックエンド推進センター、日本原子力文化振興財団、日本原子力研究開発機構、電源地域振興センター、日本立地センター、社団法人には日本原子力産業協会、日本原子力技術協会、火力原子力発電技術協会、日本原子力学会、原子燃料政策研究会、などです。原子力産業の振興、研究開発、原発立地支援、啓蒙活動などを通じて、原子力推進政策の実施のための活動をおこなっており、それらの役員は原子力関連の産業界出身者、元官僚、研究者などが務めています。

　官僚は、電力会社などにも天下りをしています。経済産業省は2011年5月2日、過去50年間で電力会社に経済産業省および前身の通商産業省をあわせて幹部68人が再就職していたとの調査結果を報告しました。最多が日本原子力発電と原発比率が最高の関西電力というのは、原子力推進政策と関係していることをうかがわせます。これらの官僚は顧問として入社し、数年後に副社長などを務めた後、退職するケースが多いとのことです。

■電力会社から研究者への莫大な「寄付金」

　原子力推進の研究者にとっても、原子力推進政策は大きなメリットがあります。

　大学には、企業からの寄付で研究活動をおこなう寄付講座がありますが、表2に示したように、東大大学院への東京電力からの寄付講座は、単独で原子力推進に関係する「核燃料サイクル社会工学」や「低炭素社会実現のためのエネルギー工学」の2件の合計で2億5500万円、さらに単独の1件を加えると4億1500万円を寄付しています。また、他社との

表2　東京大学寄付講座への東京電力の寄付[21]

部局名	寄付講座・寄付研究部門名称	設置期間	寄付総額（百万円）	寄付者
工学系研究科	核燃料サイクル社会工学	H20.10～H25.9	150	東京電力
生産技術研究所 工学系研究科	低炭素社会実現のためのエネルギー工学	H22.4～H25.3	105	東京電力
工学系研究科	建築環境エネルギー計画学	H16.10～23.10	160	東京電力
工学系研究科	都市持続再生学	H19.10～H24.9	156	東京電力など14社
工学系研究科	ユビキタスパワーネットワーク寄付講座	H20.6～H25.5	150	東京電力など3社

共同で「都市持続再生学」など2件、総額3億600万円がありますが、これらについて、金額を寄付した企業数で割った分だけ1社が分担したとしますと、東京電力の寄付額は約6114万円となります。単独寄付の総額にこれを加えると、東京電力の東大への寄付総額は4億7614万円にもなるのです。こういう状態ですと、研究費を受けている科学者は東京電力に不都合な発言などはできなくなります。

　文部科学省が大学などの研究者に支給する「科学研究費」でも、原子力分野には多額の研究費が出されています。科学研究費を支給された研究の中で、原子力をキーワードとして検索すると、1965年から2011年度までに4226件もあります。2011年度だけで280件もあるのです。さらに、2011年度には、国家基幹研究開発推進事業として「原子力システム研究開発（革新技術創出型）」が挙げられ、3000万円～3億円の研究費で2件採用されることになっています。再生可能エネルギーをキーワードに含む研究が、現在までの総数で147件、2011年度だけだと12件しかなく、特別扱いなどされていません。再生可能エネルギー関連分野が軽視され、研究資金も獲得しにくいことがよくわかります。

　原子力推進の立場に立つ科学者は潤沢な研究費を得ることができ、研

究業績も挙げやすく、地位も得やすくなるわけです。電力会社から多額の研究費を得ている研究者は、原発に批判的な言動などはしなくなっていくでしょう。それだけでなく、原子力推進政策を策定する審議会や政策を遂行する機関や団体などにも協力するようになるのです。

■国民を原子力支持にする宣伝・広報・教育

こうして、産業界、学界、官僚、政治家が一体となって、原子力推進政策が実行されていきます。しかし、その際に国民の支持を得る必要があります。そこで、新聞、テレビのCMなどで、連日のように、有名人を登場させて、「原子力は安全」「原子力は環境にやさしい」と流され続けることになります。事故後でさえ、新幹線中で原発CMが流されていました。

さらに、日本原子力文化振興財団、財団法人エネルギー環境教育情報センター、エネルギー教育全国協議会（小中学校教員の任意団体）などは、「原子力が明るい社会の形成に寄与する」として、講演、講座、見学会、シンポ、研修、出版、小中高校での教育、高校での原子力関連課題研究コンクール（最優秀校には、文部科学大臣賞交付）などを実施し、子どもたちに原子力支持者にする働きかけをおこなっています。また、電力会社の連合体である電気事業連合も広報部で『原子力発電四季報』を発行し、著名人に原発を礼賛させ、宣伝に努めています。最新の2011年冬号には、草野仁「私はこう思う：原子力問題は論理的に考えよう」、「特集：日本の原子力技術が世界から注目されています」などが掲載され、草野氏は「知れば知るほどエネルギー源として原子力に勝るものは今のところ無いと考えるようになりました」と述べています。

このような原子力礼賛が渦巻く社会で生活していると、多くの人が原子力は必要だと思うようになってしまいます。結局、国民は、原子力推

進によってさまざまな利権を得ている勢力のために協力させられ、その結果、今回のような過酷事故が発生し、多数の人々が安全や健康を脅かされ、人生設計も破壊され、社会全体に大混乱と大損失をもたらされたと言えます。しかも、21世紀における人類の最大の課題と言える地球温暖化防止と持続可能な社会づくりへの日本の対応が決定的に間違っていたことをも実証したのです。

注
1 『これでいいのか福島原発事故報道』(あけび書房、2011年) より
2 シーベルト (Sv) は、放射線が人体に与える影響の度合いを示す単位です。
3 International Commission on Radiological Protection, "The 2007 Recommendations of the International Commission on Radiological Protection", 2007 ; http://www.icrp.org/publication.asp?id=ICRP%20Publication%20103
4 Chernobyl Forum, Chernobyl's Legacy : Health, Environmental and Socio-economic Impacts and Recommendations to the Governments of Belarus, the Russian Federation and Ukraine. IAEA, 2005
5 今中哲二「チェルノブイリ原発事故」
http://www.rri.kyoto-u.ac.jp/NSRG/Chernobyl/Henc.html
6 単位のキュリーは古い単位で、現在はベクレル (Bq) が使用されています。1ベクレルとは、1秒間に1回、放射性物質が放射線を放出して崩壊することを意味します。1 Ci＝370億 Bq です。
7 I Fairlie and D Sumner, 20 Years after Chernobyl : A scientific report prepared for the "Chornibyl+20" : remembrance for the future conference, April 2006. http://www.chernobylreport.org/
8 GREENPEACE, The Chernobyl Catastrophe Consequences on Human Health, 2006 ; http://www.greenpeace.org/international/press/reports/chernobylhealthreport#
9 テラは1兆のことですから、万テラは日本語では「京 (けい)」で10の16乗のことです。したがって、37万テラベクレルとか63万テラベクレルというのは、37や63の後ろに0が16個も並ぶ膨大な量の放射性物質が環境にまき散ら

されたことになります。

10 和田武「温暖化防止のための日本のエネルギーシナリオ—原発増設をやめ、再生可能エネルギーの大幅導入を！」日本科学者会議公害環境問題研究委員会編『環境展望1999－2000』実教出版、1999年所収
11 和田武「持続可能で地球温暖化防止を可能にするエネルギー選択—原発拡大より再生可能エネルギー普及を！—」『季論』2号、2008年
12 Wikipedia, "Earthquake" ; http://en.wikipedia.org/wiki/Earthquake
13 和田武『環境と平和』あけび書房、2009年
14 石橋克彦「原発震災」『科学』Vol.67、No.10（1997年10月号）
15 中田高（広島工業大学）・渡辺満久（東洋大学）・鈴木康弘（名古屋大学）「原子力発電所設置審査における活断層評価の問題点」日本地震学会2006年秋季大会（2006年10月31日〜11月2日、名古屋大学地震火山・防災研究センター）など
16 2011年3月26日付「毎日新聞」
17 大島堅一『再生可能エネルギーの政治経済学』東洋経済新報社、2010年
18 2011年4月7日付「毎日新聞」
19 2011年4月15日付「日本経済新聞」
20 財団法人電力中央研究所は、電気事業の運営に必要な研究をおこなうことを目的に、日本の9電力会社が出資して運営されています。
21 「東京大学寄付講座・寄付研究部門設置調（部局別）」
http://www.u-tokyo.ac.jp/res01/pdf/20110301kifu.pdf

第2章

地球温暖化がもたらす未来危機とそれを回避する条件

　地球温暖化・気候変動というとてつもない地球規模の環境変化が進行しています。過去100年間で地球の平均気温は0.7℃程度上昇し、すでに氷河の融解や異常気象の頻発など、さまざまな影響が出始めています。しかも、気温上昇速度は次第に増しています。このまま推移すると、21世紀中に地球環境は激変し、私たちの子どもや孫、さらにそれに続く世代が堪え難い環境の下で生きていかねばなりません。これは原発事故に勝るとも劣らない、人類と地球上のあらゆる生物の健全な生存を脅かす重大問題なのです。

　その地球温暖化・気候変動は、人間活動が主因となって起きている地球規模の環境変化であり、21世紀の人類にとって解決すべき最重要課題と言えるでしょう。前著『環境と平和』でも、地球温暖化がもたらす危機について述べましたので、本書と合わせて読んでいただければ幸いです。

　ここでは温暖化の未来予測とその回避に重点を置いて説明しておきます。

1 人類生存の危機をもたらす地球温暖化

　地球温暖化防止対策をとらない場合、21世紀には地球の平均気温が4℃前後も上昇すると予測されています。このような状態では、さまざまな悪影響が出てきます。現在でもみられる夏の猛暑や暖冬、旱魃(かんばつ)や水害などの異常気象、氷河の融解や海面上昇、サンゴの白化などの生態系異常がさらに激しくなるだけでなく、今はまだ見られないことが起きます。

　世界的に農業収穫量が減少し、食糧不足が蔓延し、飢餓人口が増加していきます。氷河の消滅などが進行すると、これまでの自然の水バランスが崩れ、10億人以上が水不足に陥ると推定されています。また、海面上昇が進行し、海岸の砂浜などは消滅してしまい、東京や大阪などの世界の大都市が水没の危機に陥ります。豪雨や旱魃の増加、台風やハリケーンの巨大化など、異常気象の頻発や激化が起きるのです。

　さらに、移動が困難な樹木や高山植物などをはじめ、多くの生物種が生存できなくなり、それらに依存してきた生物種にも影響が現れます。熱帯地域で現在以上の気温上昇が起きれば、多くの生物は生存を脅かされます。アマゾンの熱帯林が破壊されてしまうことも予想されています。こうして多数の生物種が絶滅の危機に陥り、生態系の維持が困難になります。

　これだけでも重大な環境変化ですが、それらに加えて破滅的な現象の発生が予測されています。不可逆的で回復不可能な環境変化が起きてしまうことさえ危惧されているのです。グリーンランドやシベリアなどの凍土融解、海洋酸性化による生態系の激変、アマゾン熱帯雨林の崩壊、海洋の熱塩循環の停滞・停止、南極やグリーンランドの大規模氷床崩

壊、などです。これらの現象は、温暖化をさらに加速する効果もあるので、温暖化とこれらの現象が連鎖的に相互に強め合いながら進行し、止めることができなくなってしまいます。それらの現象のいくつかを説明しておきます。

2 不可逆的で回復不可能な現象

■海洋酸性化による海洋生物の危機

　CO_2は水に溶解すると炭酸になります。そのため、大気中のCO_2濃度が上昇すると海水中への溶解量が増加し、海洋は酸性の方向に変化します。実は産業革命前の海水のpHは8.2程度でしたが、大気中のCO_2増加により現在は8.1程度にまで低下しています。さらに、酸性化が進行し、pHが7.9を切るくらいになると、海洋生物の殻や骨格などを形成する炭酸カルシウムが海水に溶け出すようになり、動物性プランクトンやサンゴなどの石灰化生物と言われる海洋生物が大打撃を受けます。

　ネイチャー誌の2005年の9月29日号に、日本の海洋研究開発機構の研究者も含む国際チームが発表した論文「人間活動による21世紀中の海洋酸性化と石灰化生物への影響」は、このことを明らかにした最初の論文です。この研究では、大きな水槽のなかに入れた動物性プランクトンの石灰質でできている平滑できれいな殻が、CO_2の溶解量が増えて酸性化が進んだ海水中でささくれだち、ぼろぼろになることを実験で示しています。

　こうして動物性プランクトンなどが健全な殻や骨格を形成できなくなり、死滅することになると、食物連鎖や海洋の環境変化を通じて、海洋

の生態系に破滅的な影響を与えることになるのです。この現象は気温上昇とは直接関係なく、CO_2濃度増加自体が地球環境に重大な影響をもたらすものです。大気中のCO_2濃度が600ppmくらいになると、海水のpHが7.9程度まで低下すると予測されることから、CO_2排出削減に積極的に取り組まなければ、21世紀中に起こりうる現象なのです。

しかも、このような殻を持つ生物の衰退は、大気中CO_2濃度の増加速度を高め、温暖化を加速します。殻や骨格の成分である炭酸カルシウム（$CaCO_3$）は、CO_2が海水に溶解して生成する炭酸イオン（CO_3^{2-}）と海水中に存在するカルシウムイオン（Ca^{2+}）が結合してつくられます。つまり、殻を持つ生物はCO_2を減少させる役割を演じているわけですが、それらが衰退すると海洋のCO_2吸収（減少）能力が低下し、その結果、大気中のCO_2濃度増加を速め、温暖化を加速してしまうのです。こうして、CO_2排出量の大幅削減を実現しなければ、CO_2濃度増加と海洋酸性化が相互に強め合う不可逆的連鎖による破滅的状況が生まれることになります。

気温上昇が進んでいくと、アマゾンの熱帯雨林の一部あるいは全体が崩壊することも予測されています。熱帯雨林は、地球の肺と言われるように、CO_2を吸収し酸素を生み出しているわけですが、陸上のCO_2吸収源である熱帯雨林が崩壊すれば、やはり大気中のCO_2濃度の増加を加速し、地球温暖化を促進するという悪の連鎖に入っていきます。

■凍土融解の進行による温暖化加速

また、すでにシベリアなどの凍土融解も進み始めています。凍土は春から夏にかけて表層部が融解し、秋から冬にかけて再び凍結します。融解しない凍土中には動植物の遺体が腐敗しないで残っています。最近、夏の融解層が急激に深くなり始めています。海洋研究開発機構の研究に

より、東シベリアの凍土の平均地温が2004年頃から急上昇し、それとともに夏期の融解層の深さが以前の2倍程度になっていることが明らかになっています。そうすると、これまで冷凍状態であった有機物の腐敗が増加します。

最近、大気中のメタン濃度が急上昇し始めましたが、凍土融解がその原因かも知れません。有機物が酸素の少ない土中で分解するとメタンが発生するのです。メタンはCO_2の20倍の温室効果を持つガスですから、広範な凍土地帯で気温上昇が進めば、温暖化を促進することになります。

■海洋大循環の停滞による気象激変

温暖化の進行によって海洋の熱塩循環の停滞・停止や南極やグリーンランドの大規模氷床崩壊のような現象の発生も予測されています。これらはいずれも極地周辺の気温上昇が大きくなるにつれて進行する現象です。

海洋では極地付近で表層から深層に向かって海水が沈み込み、それがポンプ役を果たして大きな循環が形成されています。極地では気温が低いために海水が低温化するとともに、氷結する際に塩分が周囲に排除されます。低温化と塩分濃度の増加は水を重くする結果、沈み込みが起きるのです。ところが、近年の北極の気温上昇幅は、地球平均よりも非常に大きく、海氷面積も急激に減少しています。極地付近の気温上昇が続くと沈み込みの力が弱まり、熱塩循環の停滞から停止に至る可能性が生まれます。そうなると、地球規模で気候が激変してしまいます。

■**氷床崩壊による海面の急上昇**

　現在までのところ、南極の気温は北極ほど大きく上昇していません。これは北極と異なり、面積1400万 km^2、オーストラリア大陸の2倍近い南極大陸があり、膨大な量の氷に覆われているからです。それでも、南極全体では、1957年から2006年の間に10年毎に0.1℃の温暖化が見られています[22]。気温上昇が続くと、氷の融解が起きていきます。

　南極には大陸上だけでなく、湾部などの海に巨大な氷床が突き出ています。すでに、そういう氷床の一部が崩壊したことがありますが、大規模に崩壊して大量の氷が海水中に落ち込めば、最大6mの海面上昇が起きる可能性があるとされています[23]。そうなると、小島嶼国をはじめ世界の海岸地域が水没し、大量の難民の発生や広大な農地の喪失などが起きてしまいます。

　以上のような、地球温暖化の進行によってさまざまな回復不可能な破滅的現象が起きることが推測されています。このような現象が起きると私たち人間の健全な生存が危うくなる可能性さえあります。したがって、そのような危機を回避するために温室効果ガスの排出削減を進めていかねばなりません。これは、いま生きている私たちの世代の責務です。

3　各国のエネルギー対策の動向

　日本では、原子力発電の拡大が不可欠であると言われてきましたが、他の国でもそういうやり方で温室効果ガスを削減してきているのでしょ

うか。

　現実に、京都議定書の削減義務国について、これまでの温室効果ガス排出量の増減と原子力発電の設備容量や再生可能エネルギー利用量の変化率とともに表にまとめてみました。旧社会主義国の場合は、体制の移行に伴う変化が温室効果ガス排出量に大きく影響していると思われるので、表の下部に3ヵ国入れてあります。

　原発も再生可能エネルギーもともにCO_2を放出しないエネルギーですから、それらの増加は温室効果ガス排出量の削減に有効なはずです。ところが、西側諸国で温室効果ガス排出量の減少6ヵ国のうち減少率が上位のドイツ、イギリス、スウェーデン、デンマークの4ヵ国の原発は

表3　主な国の温室効果ガスと原発および再生可能エネルギーの増加率

	1990年比2008年の増加率・%		
	温室効果ガス排出量	原発設備容量	再生可能エネルギー利用量
ドイツ	−22.2	−17.0	410.3
イギリス	−18.5	−18.4	417.5
スウェーデン	−11.7	−7.7	35.6
デンマーク	−7.1	原発なし	196.3
フランス	−6.1	18.7	24.7
オランダ	−2.4	−5.4	277.8
日本	1.0	51.5	5.3
イタリア	4.7	原発なし	110.2
アメリカ	13.3	0.2	21.5
カナダ	24.1	−4.1	34.0
スペイン	42.3	5.1	71.6
ポーランド	−29.9	原発なし	254.4
チェコ	−27.5	原発なし	2470.0
ロシア	−32.9	−39.5	−

むしろ減少もしくは保有しておらず、残り2ヵ国のうちオランダも原発を減らしています。一方、これら6ヵ国の再生可能エネルギーは増加しています。とくにドイツ、イギリス、デンマークの増加率は非常に高いことがわかります。経済移行国の3ヵ国の温室効果ガス削減率も高いのですが、これらの国も原発は減少もしくは保有しておらず、データが不明のロシア以外の2ヵ国の再生可能エネルギーは大きく増加しています。

これに対して、温室効果ガスが増加している5ヵ国のうち3ヵ国は原発が増加しており、再生可能エネルギーの増加率はあまり高くありません。とくに日本は原発増加率が表中の諸国では最高ですが、再生可能エネルギー増加率は最低です。原発を拡大するために、それと競合する再生可能エネルギーの普及を抑制したことが現れています。

これらの結果を総合すると、温室効果ガス排出量の削減は原発増加国ではあまり進まず、むしろ原発を減らし、再生可能エネルギーを増加させている国で進んでいるのです。環境を保全し、国民の安全を守るという基本姿勢を持つ国で温室効果ガスが削減されていると言ってもよいと思います。

4 危機回避に不可欠な温室効果ガスの大幅削減

■危機回避のための温室効果ガス削減

地球温暖化による未来の危機を回避するために、少なくとも地球平均気温の産業革命前からの上昇を2℃以内に、望ましくは1.5℃以内に抑制する必要があると推定されています。国際的にも2009年に開催された

COP15（第15回気候変動枠組条約締約国会議）や2010年の COP16（第16回同）において、2℃以内に抑制する目標については合意されています。「2℃以内」を実現するには、大気中の温室効果ガス濃度を450ppm 以下に安定化する必要のあることが科学的にわかっています。450ppm 以下にするには、いまも増加し続けている世界の温室効果ガス排出量を2015年前後で減少に転じさせ、1990年比で2050年までに半減させなければなりません。世界全体でこの目標を達成するうえで、1人当たりの排出量が世界平均の2倍以上もある先進国は、2020年までに25〜40％の削減、2050年までに80〜95％の大幅削減を達成しなければならないことが明らかになっています。京都議定書の2008〜2012年の削減目標を達成する必要がありますが、先進国平均で5.2％削減を果たしても、それだけではとても450ppm での安定化には不十分であることは明白です。

　今後、それを可能にするために必要な温室効果ガス削減をどのようにして実現していくのか、発展途上国も含めて各国がどのように削減義務を分担していくのか、という新たな国際的枠組みについての合意形成はまだできておらず、早急に策定しなければなりません。先進国が率先して高い削減目標を掲げ、発展途上国にも協力しながら、世界全体の削減を推進していく必要があります。

　ただ、温室効果ガス削減のために、CO_2を放出しないエネルギーを増やしていかねばなりませんが、世界中に原発を大幅に増設するような事態は好ましいことではありません。上述のように、原発を増加させている国で温室効果ガスが減少しているわけでもないのです。

　表3で示した、温室効果ガス排出削減で実績を挙げているドイツ、イギリス、スウェーデン、デンマークなどの諸国は、中長期の削減目標を持ち、それに向けた対策を採っているという特徴があります。ドイツは、2020年までに40％の削減、2050年までに80％以上の削減目標を掲げています。イギリスは、2020年までに34％の削減ですが、国際合意がで

きれば43％削減する予定で、2050年には80％以上の削減目標です。スウェーデンは2020年までに40％削減、2050年までに100％削減して温室効果ガス排出量を０にする目標です。また、デンマークは世界で最も早い1996年に、2030年までに50％削減の長期計画をつくりました。

日本も2020年までに25％削減するという鳩山政権が示した目標を崩すことなく、2050年までに80％以上の削減目標を加えて、新たな国際的枠組みづくりに貢献しなければなりません。

■原発に依存せず、温室効果ガス削減計画に取り組んだデンマーク

世界で最初に長期的CO_2削減目標を発表したのはデンマークでした。1996年６月、デンマーク政府は、大気中のCO_2濃度を450ppm以下に安定化させるうえでのデンマークの国際的責務を果たすという立場から、2030年までにCO_2を1990年比で50％削減する目標とそのためのエネルギーシナリオを含む「エネルギー21計画」を発表しました[24]。京都議定書が採択されたCOP３開催の１年半も前で、まだ世界中のどの国にも中長期削減目標がなかった時期に、この発表がなされたことを知って驚いた筆者は、発表の１ヵ月後にデンマークのエネルギー庁を訪ね、ニールセン広報担当官から話を伺いました。

その計画は、省エネやエネルギー効率の改善を進めてエネルギー消費を抑制しつつ、石炭や石油を減らし、天然ガスの利用は継続しながら、原子力依存ではなく、再生可能エネルギーを大幅に増加させるというものでした（図５）。

デンマークでは、1973～74年の第一次石油危機後、それまで中東の石油に依存していたエネルギー構造を転換する政策をとり、電力会社による15基の原発建設計画が持ち上がっていたのですが、1975年にスウェーデンのバルセベック原発がコペンハーゲンの対岸に建設されたことや、

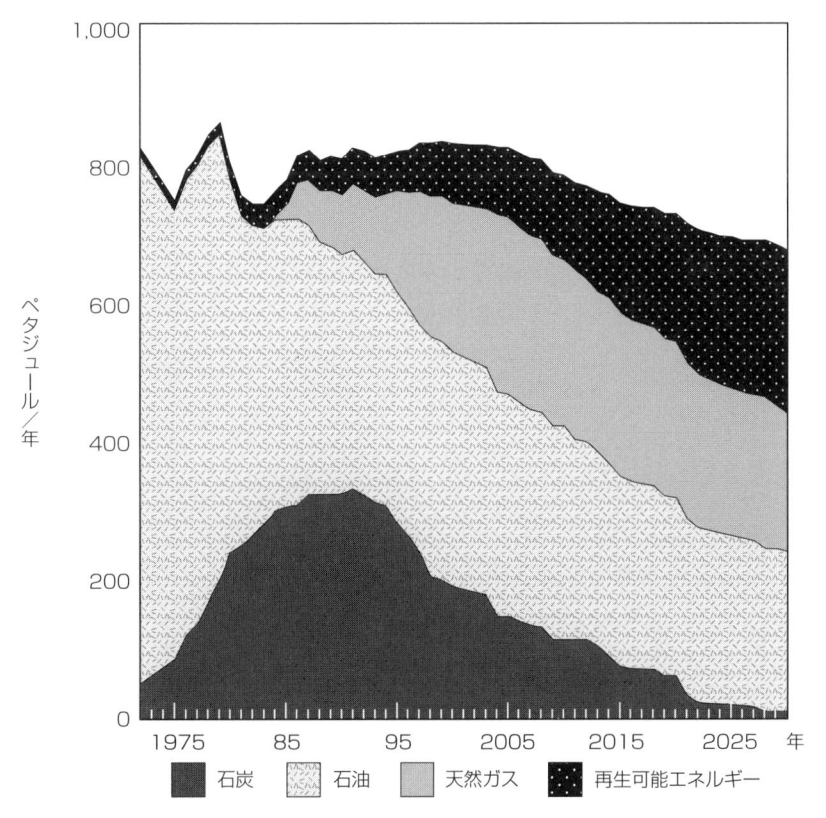

図5 デンマークの「エネルギー21計画」におけるエネルギーシナリオ

縦軸：ペタジュール／年
凡例：石炭　石油　天然ガス　再生可能エネルギー

1979年のスリーマイル島原発事故などを契機に、国民の間に反原発の世論が強まり、原発を保有しない公共エネルギー計画をチェルノブイリ事故前年の1985年に議会で決定したのです。そこで、再生可能エネルギー普及政策がとられたのです。

コペンハーゲン港の近くにある窓の大きい明るい部屋で、用意してくれたお菓子と紅茶をいただきながらニールセンさんから聞いた話は筆者に鮮烈な印象を与えました。

この先駆的な計画が、1年前からの国民的議論を経て、気温上昇を

第2章 地球温暖化がもたらす未来危機とそれを回避する条件

2℃以下に抑制するうえでデンマークの国際的責務を果たすために策定されたのでした。日本では考えられない民主的で真剣な地球温暖化問題への対応に感動しました。さらに印象深かったのは、ニールセンさんの「この削減目標やシナリオは『できるかどうか』ではなく、『必ずやり遂げなければならない』ものと捉えるべき」との指摘でした。2℃以下にするうえで必要な削減目標達成のために、採りうる最善の手段を選択していかねばならない、それでもダメならもっと良い方法を考えればいいと言うのです。

筆者は、この時から日本でも『必ずやり遂げなければならない』中長期目標とエネルギーシナリオを早急に策定し、最善の努力を積み重ねなければならないと考えるようになりました。

■ドイツの脱原発・温室効果ガス大幅削減シナリオ

ドイツは、以前から積極的な地球温暖化防止政策を展開してきましたが、1998年に誕生した社会民主党と緑の党の連合によるシュレーダー政権は、温室効果ガスを1990年比で2020年までに40％以上削減し、2050年までに80％以上削減するという世界でも最も意欲的な目標を掲げ、それに基づくエネルギーシナリオを発表しています（図6）。

このシナリオでは、原発を次第に減少させながら、一方で再生可能エネルギーの普及を推進することになっています。2002年に施行された「改正原子力法」で原発は新設せず、運転開始後32年経過した原発を順次廃棄していき、2020年初めには原発を廃絶する政策を採用したのです[25, 26]。その結果、東西ドイツ統合時に27基あった原子炉は今では17基に減少しています。

ところが、2009年に成立したキリスト教民主同盟と自由党の保守連合によるメルケル政権は、2010年に原発の運転期間を32年から旧型原発に

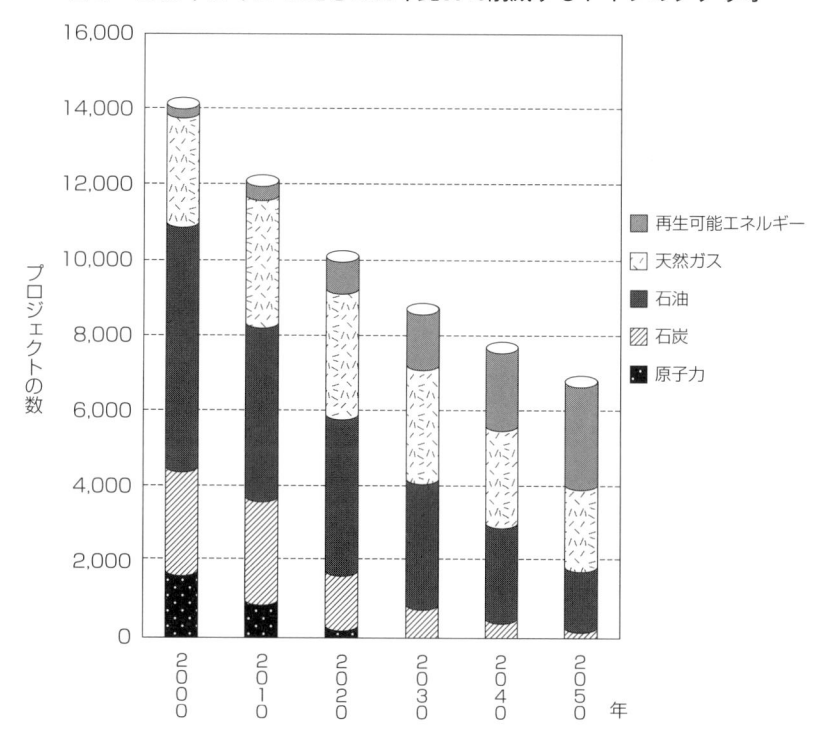

図6　2050年までにCO$_2$を1990年比80％削減するドイツのシナリオ

凡例：
- 再生可能エネルギー
- 天然ガス
- 石油
- 石炭
- 原子力

縦軸：プロジェクトの数
横軸：年（2000、2010、2020、2030、2040、2050）

（Bundesministerium fuer Umwelt, Naturschutz und Reaktorosicherheit, 2003）

ついては8年延長して40年に、新型原発については15年延長して47年とすることを閣議決定しました。エネルギーシナリオも変更される可能性が出ていたのですが、福島原発事故を受けて、メルケル首相は延長方針を凍結して、全原発の点検を進めると言明しました。

　それにもかかわらず、原発批判の世論が国内で強まり、3月27日に実施された、ドイツ南西部の保守色が強かったバーデン・ビュルテンベルク州議会選挙で、緑の党が躍進し、SPDとの連合政権でドイツ初の緑の党のヴィンフリート・クレッチュマン州首相が誕生しました。その他の州選挙でも、緑の党が大幅に伸びており、福島原発事故はドイツのエ

ネルギー政策に大きな影響を与えています。

　メルケル首相も、再生可能エネルギー普及を中心にエネルギー転換を図っていくと述べていますので、エネルギーシナリオは変更されずに維持されることになるでしょう。

■欧州諸国の中長期温室効果ガス削減方針と原子力

　大部分の欧州諸国は、原発に依存することなく、高い中長期の温室効果ガス削減目標を掲げています。

　イギリスは、2008年に「気候変動法」と「エネルギー法」を制定し、二酸化炭素の排出量削減目標を法律で明確にしました。現在、2020年までに温室効果ガスの排出量を1990年比で34％削減、2050年までに80％削減することになっています。なお、2020年までの削減目標については、国際合意ができれば43％削減とする予定です。そのために、風力発電などの再生可能エネルギー普及、石炭火力発電所での炭素回収・貯留プロジェクトの実施に加えて、2基の原子力発電所の新設を挙げています。福島原発事故後も、原発新設を中止する方針は出されていませんが、実際には反原発の世論は強まっており、予定どおりに実現できるかどうかは不明です。これまで、イギリスでは古くなった原発を廃棄してきました。その方針は今後も続くでしょうから、原発の総数はむしろ減少していくでしょう。

　スウェーデンは、2009年に発表した「持続可能な未来のための気候・エネルギー政策」で、2020年までに40％削減、2050年までに温室効果ガス排出量を0にする目標をかかげました。スウェーデンは、1980年に国民投票の結果を受けて、12基あった原発を順次廃棄することを世界の原発保有国では最初に決定し、実際に2基停止しました。しかし、その後、原発継続を主張する保守政権の誕生により、2010年には古い原発の

建て替えを認める法案が小差で成立しました。しかし、福島原発事故後、スウェーデンでも原発反対の世論が強まっており、この法案の見直しの可能性が高くなっています。

　オランダは、2020年までに30％削減、2050年までに80％削減を掲げていますが、[27]原発新設の動きはありません。

注

22　Steig, E. J., D. P. Schneider, S. D. Rutherford, M. E. Mann, J. C. Comiso,and D. T. Shindell : 'Warming of the Antarctic ice-sheet surface since the 1957', International Geophysical Year. *"Nature"*, 457, 459-462, 2009

23　James Hansen, 'Huge Sea Level Rises are coming Unless We Act Now', "New Scientist", 25 July 2007

24　Danish Ministry of Environment and Energy, "Energy 21"（1996）。林智、矢野直、青山政利、和田武『地球温暖化を防止するエネルギー戦略』実教出版、1997年

25　Bundesministerium fuer Umwelt, Naturshutz und Reaktorsicherheit, "Erneuerbare Energien in Zahle", 2007

26　和田武『飛躍するドイツの再生可能エネルギー』世界思想社、2008年

27　JSA-ACT ; http : //www.jsa.gr.jp/jsaact/org/jsa-act/japanversion/japanver.html

第3章

原子力と再生可能エネルギー

　本書は、原子力発電から脱却して再生可能エネルギー中心の社会をつくっていくことを理解していただくのが目的ですが、そのためには、原子力と再生可能エネルギーの特性を知っていただく必要があります。ここでは、両者を比較しながら、それらの特性をまとめます。

　次いで、脱原発、再生可能エネルギー普及を柱に地球温暖化防止と持続可能な社会づくりを目指している諸国について紹介します。

1 原子力と再生可能エネルギーの特徴

■資源としての特徴

　原子力と再生可能エネルギーの資源的特徴はまったく異なります。原子力用のウランは特定地域の地下のウラン鉱山に集中的に存在する資源です。ウラン鉱山には所有者がおり、資源のない日本はウランを購入しなければなりません。資源量もウランは有限で、確認埋蔵量を年間採取量で割った可採年数は約70年に過ぎません。当然、世界中に原子力発電

所が増加していくと、ウラン資源は不足し始め、コストは将来的に高騰していくことになります。ウランでなく、原発を運転することで人工的に得られるプルトニウム239を燃料に使用すればよいという意見もありますが、そのための高速増殖炉や通常の原子炉でのMOX燃料の利用は、これまで以上に事故の危険性を高めます。

　一方、太陽光・熱、風力、水力、バイオマス、地熱、海洋エネルギーなどの再生可能エネルギー資源は、少量ずつですが、どこにでもなんらかの形態で分散的に存在しています。また、太陽や地球がずっと生み出し続けるものですので、枯渇することはありません。太陽光・熱、風力、水力、地熱、海洋エネルギーなど、バイオマス以外の再生可能エネルギー資源は社会的共有物とみなすことができ、資源コストもかかりません。日本は、あらゆる種類の再生可能エネルギー資源が豊富に存在し

図7　現代技術による再生可能エネルギー資源の利用可能量[28]と2009年の世界の年間エネルギー使用量[29]（EJ／年）

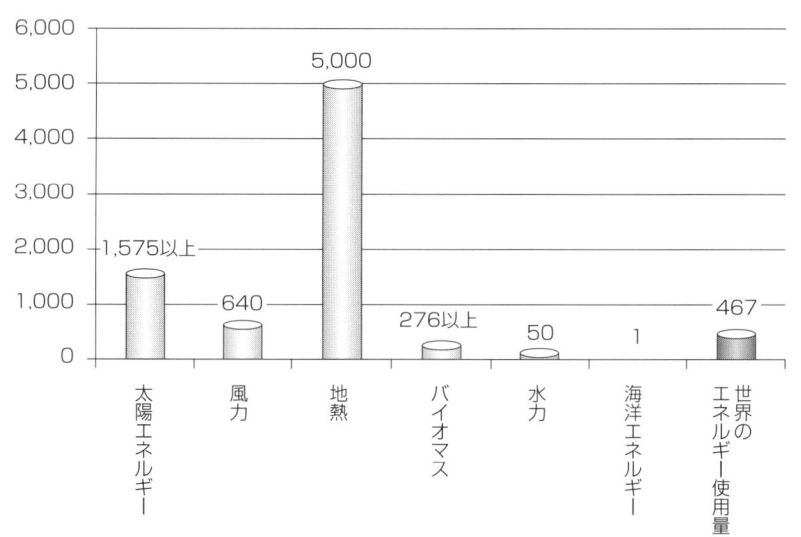

太陽エネルギー	1,575以上
風力	640
地熱	5,000
バイオマス	276以上
水力	50
海洋エネルギー	1
世界のエネルギー使用量	467

（UNDP, UNDESA, WEC, 2000とBP、2010のデータを用いて作図）

ている希有な国であり、利用を拡大すれば、現在はわずか4％しかないエネルギー自給率を高めることもできます。

　図7に世界の現代技術で利用可能な再生可能エネルギー資源量を2009年の世界のエネルギー消費量とともに示しました。太陽エネルギーの利用可能量は世界のエネルギー消費量の3～4倍、風力発電や地熱もそれぞれ単独でも消費量以上にあるとみなされています。バイオマスだけでも消費量の半分程度は賄えそうです。そもそも太陽が1時間で地球にもたらすエネルギー量は世界の年間エネルギー消費量以上もあり、1年間にもたらすエネルギー量は消費量の1万倍ほどもあるのですから、将来的にも資源量について心配する必要はないのです。

■生産手段の特徴

　上述の資源としての両者の特徴の違いは、エネルギー生産手段の特徴を生み出します。原子炉は、その出力が通常100万kW前後、小さいものでも数十万kWの大規模なものが多く、1基当たり数千億円の建設費がかかります。原子炉を何基も設置した原子力発電所は数百万kWにもなる場合があります。東京電力福島第一原子力発電所は6基の原子炉で総出力は469.6万kW、日本最大の東京電力柏崎刈羽原子力発電所は7基の原子炉で総出力821.2万kWもあります。原発の場合は、このように大規模集中型の発電手段が一般的です。そのほうが、合理的で発電コストもかからないのです。

　これに対して、再生可能エネルギーは資源が少量ずつ広く分散的に存在しますので、大規模集中型にはできず、小規模で分散型の発電手段を多数つくることにならざるを得ません。住宅の屋根に設置する太陽光発電は数kWが普通ですし、その建設費は200万円程度です。風力発電機は最近、大型化したとは言え、現在の普通のもので2000kW、最大で5000

kW で、建設費は 1 基で数億円程度です。このように再生可能エネルギー発電は、各地に分散的に小規模なものを数多くつくる必要があるのです。最近、大規模な太陽光発電所や風力発電所が諸外国で増加していますが、最大でも 10万 kW 程度です。

これらの両者の特徴から、原発の所有者には企業が適しており、再生可能エネルギー発電などの所有者には分散して居住している市民や自治体のような地域主体が適していると言えます。したがって、普及方法もその特徴を踏まえた適切なものを選択しなければなりません。再生可能エネルギーの場合は、地域住民を中心に市民所有で取り組んだ方が、普及も進み、それによる地域社会への影響もよいことがわかっています。

2 住民主導の再生可能エネルギー普及

■デンマークの風力発電と地域暖房

デンマークは、早くから原発を保有しないことを決め、地球温暖化防止のための温室効果ガス排出削減目標についても世界に先駆けて発表しました。そのために再生可能エネルギーの拡大に意欲的に取り組んでいます。

しかし、この国は決して再生可能エネルギー資源の豊富な国ではありません。平坦な国土で水力は利用できず、火山や温泉もないので地熱も少ないのです。それでも工夫して積極的に先駆的な取り組みを進めてきました。世界で最初に風力発電を導入し、地域暖房システムを拡大し、そのエネルギー源として麦藁や木、バイオガスなどのバイオマス利用を中心に再生可能エネルギー普及を推進しています（図 8）。

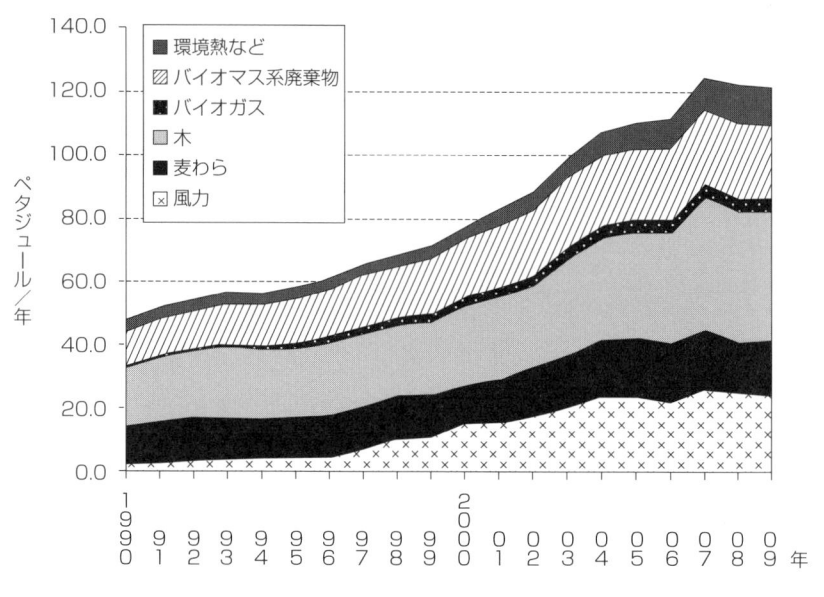

図8 デンマークの再生可能エネルギー利用の推移

凡例:
- 環境熱など
- バイオマス系廃棄物
- バイオガス
- 木
- 麦わら
- 風力

縦軸：ペタジュール／年
横軸：1990〜2009 年

(Danish Energy Agency, 2011のデータに基づき作図)

デンマークの地域暖房熱供給のための太陽熱収集センター

こうして、2010年には、総エネルギー消費中の再生可能エネルギー比率を18％にまで高めています。また、風力発電で電力の約20％を供給し、最近は海洋風力発電の拡大を図っています。さらに、暖房期間が長く、暖房のエネルギー消費に占める比率が高い国なので、効率の良い地域暖房利用加入者を人口の6割まで拡大してエネルギー消費を削減しつつ、その熱エネルギーの半分近くを再生可能エネルギーで賄っています。

　北海道よりはるかに北に位置し、太陽光が弱いにもかかわらず、地域暖房用に多数の太陽熱集熱器を並べたプロジェクトや、大地を2.5～3kmの深さまでボーリングして約70℃のお湯をくみ出してヒートポンプを使うプロジェクトなどの新たな試みも、最近、始まっています。

　注目すべきことは、再生可能エネルギー普及の取り組みが国民参加で推進されていることです。風力発電については、第一次石油危機後、最初の風車設置も住民たちが開始したものであり、いまでも風車の80％は住民・市民が所有しているのです。地域住民による共同所有や農家による個人所有などの方式で、市民は積極的に風車の設置に参加し、風車の所有者が15万人以上、その家族を含めると人口の約1割にものぼっています。地域住民が参加することで、風力発電導入に伴う景観や騒音問題を理由とする反対運動が起きにくく、運営も住民たちが協同して民主的におこなわれ、売電収入も得られるため、普及が促進されるのです。

　地域住民の取り組みを推進するには、それをサポートする制度が必要です。デンマークでは、風力発電電力を電力会社が買い取る制度や国からの設置補助制度などをいち早く導入してきたのです。同時に、風車の所有者は建設地域に居住や勤務などの関係者であることが定められました。地域外から利益目的で風車を建設しないようにしたのです。

　その後、2001年に誕生した自由党と保守党の連立政権によって、この制限は緩和され、企業による海洋風力発電所計画も出てきました。しか

し、2008年末に「再生可能エネルギー法」が制定され、陸上でも海洋でも、電力会社や企業などが建設する場合でも、その20％以上を地域住民の所有にすることが義務づけられ、地域に根ざす風力発電建設の理念が維持されました[30]。

コペンハーゲン港から３kmの海洋に20基の2000kW風車からなる「海洋風力発電所ミデルグルンデン」があり、コペンハーゲンの電力消費の約３％を賄っています。この発電所は発電会社「コペンハーゲンエネルギー」と8650人の市民が参加する「ミデルグルンデン協同組合」が、半額ずつ出資し、風車を10基ずつ所有する方式で建設したものです。私が調査をおこなったときも、市民出資の海洋風力発電所の風車群はコペンハーゲンの沖合で勢いよく回転し、電力を供給していました。

また、全国に400以上もある地域暖房企業の運営は住民や自治体が中心になっておこなわれています。コジェネ発電所（熱電併給発電所）や再生可能エネルギー熱利用ボイラーからの熱水で暖房する地域暖房は、暖房費が安く、安全なので、参加者が増加してきたのです。地域暖房企業が民主的な運営方法をとっているために、普及が進むのです。地域暖房用のエネルギー源の再生可能エネルギー比率も増加し続けてきました。

8650人の市民も出資して建設された「海洋風力発電所ミデルグルンデン」

このような取り組みを通じて、デンマークは温室効果ガス排出量を2009年には1990年比で12％削減できているのです。国際的な世論調査で、「幸福である」と感じている国民が最も多いのがデンマークですが、国の意思決定に関与でき、市民参加でさまざまな取り組みが進められていることがあるからでしょう。

■ドイツの脱原発下での温暖化対策と再生可能エネルギー発電の普及

　ドイツの2009年の温室効果ガス排出量は、1990年比では28.7％という大幅な削減率となっていましたが、これには世界的な経済低迷の影響もありました。2010年の温室効果ガス排出量は、景気回復によって前年より4.3％増加したものの、1990年比では23.1％削減されており、2008〜2012年の21％削減という目標を十分に上回っています。しかも、世界のトップレベルにある高い削減率は、原発廃絶政策の下で実現されているのです。

　再生可能エネルギーに関しては、以前はダム付き水力発電中心であったのが、いまでは風力発電を中心にバイオマス発電なども水力を上回る導入量となり、2010年の再生可能エネルギー発電量は1990年の約6倍にまで増加しました（図9）。総発電量中の再生可能エネルギー比率も1990年の3.1％から2010年には16.8％に高まっています。

　ドイツの再生可能エネルギー発電量を原発の発電量と比較すると、2010年の総発電量のうち、原子力は22％、再生可能エネルギーが17％を占め、ほぼ拮抗しています。ドイツには原発が17基ありますが、再生可能エネルギーは100万kW級原発13基分ほどを発電していることになります。2010年の1年だけで741万kWの太陽光発電を導入しましたが、その推定年間発電量は約70億kWhになり、100万kW級原発1基を稼働率70％で運転した場合の発電量61億kWhを大幅に上回ります。

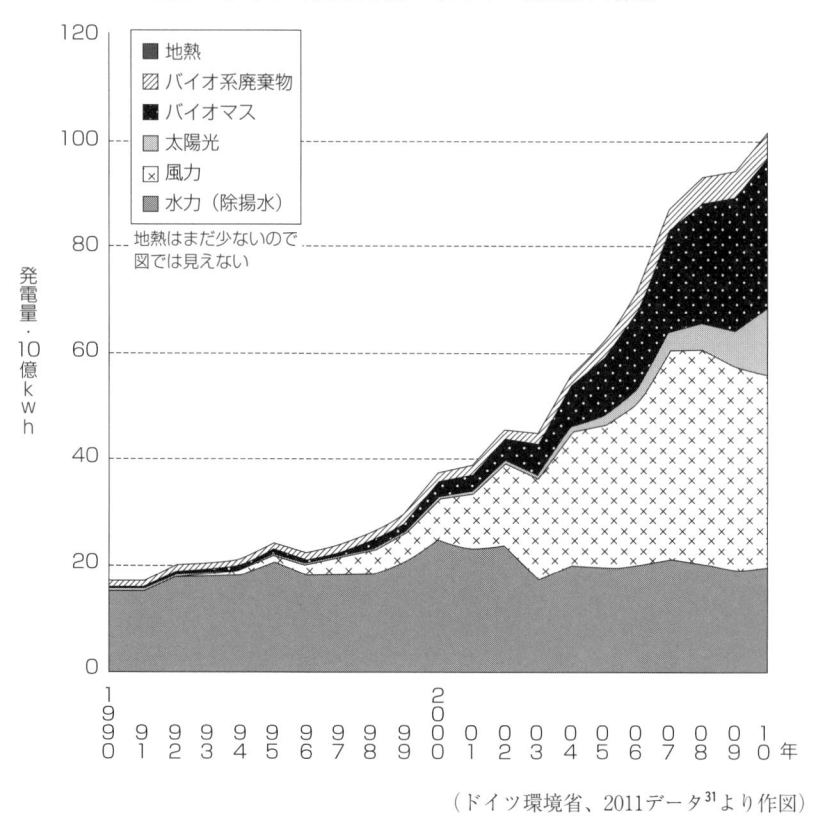

図9 ドイツの再生可能エネルギー発電量の推移

凡例：
- 地熱
- バイオ系廃棄物
- バイオマス
- 太陽光
- 風力
- 水力（除揚水）

地熱はまだ少ないので図では見えない

（ドイツ環境省、2011データ[31]より作図）

　つまり、1年で原発1基分以上の太陽光発電を導入したのです。風力発電でも、ドイツは2000年以降、2年毎に1基の原発に相当する導入実績を積み重ねています。適切な普及政策を採用すれば、再生可能エネルギーで原発に代わる電力供給が可能なのです。

　ドイツでは、太陽光発電、風力発電、バイオマス発電など、どの再生可能エネルギー発電でも、市民参加によって普及が進んでいます。筆者が調査をしているシュレスヴィッヒ・ホルシュタイン州は、風力発電で35％の電力を供給していますが、9割以上が市民参加によって導入され

1000kWもの太陽光発電を設置したノルトフリースラントの農家

ています。バイオガス発電プラントなども、農家が単独あるいは共同で数多く、設置しています。

■電力買取補償制度による再生可能エネルギー発電の普及促進

　ドイツの再生可能エネルギー発電が飛躍的に伸びたのは、効果的な政策を採用してきたからです。2000年に施行された再生可能エネルギー法で再生可能エネルギー電力買取補償制度（Feed in Tariff；FITと略す）を導入し、2度の改正もおこない、より良い制度にしてきました。

　再生可能エネルギーはまだ高コストであり、市場原理に任せておくだけでは普及は進みにくいことは確かです。しかし、適切な普及制度を採用すれば、普及が促進されることをドイツは実証しています。再生可能エネルギー電力買取補償制度は、図10に示したように、電力会社が再生可能エネルギー電力を定められた価格で長期間買い取ることで、再生可能エネルギー発電設備所有者の必要経費を補償する制度です。買取用財源は、電気料金をアップするなど、社会全体で賄います。

　日本では、「固定価格買取制度」と言われることがあるのですが、固

図10　再生可能エネルギー電力買取補償制度の仕組

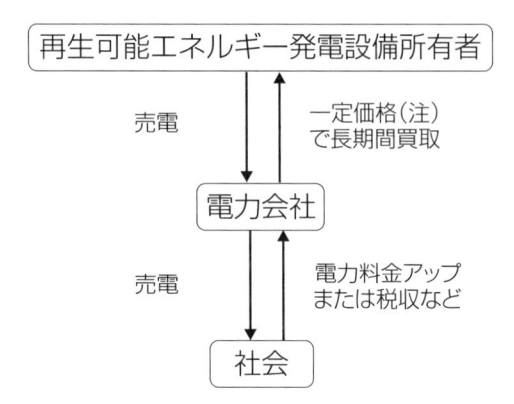

```
        再生可能エネルギー発電設備所有者
              ↑↓      一定価格（注）
        売電          で長期間買取
              ↓↑
            電力会社
              ↑↓      電力料金アップ
        売電          または税収など
              ↓↑
             社会
```

（注）所有者の総売電収入が総経費を上回るように
　　買取価格や買取期間を設定している。

定価格で買い取る制度であっても必要経費を補償されなければ、普及促進効果は低くなります。

　ドイツは最も整備されたFIT制度を持ち、市民参加の再生可能エネルギー普及を通じて大きな成果を挙げています。2000年に施行された再生可能エネルギー法は、2004年と2008年の2回にわたる改正を経て、よりきめ細かく買取条件を設定しています。太陽光発電、風力発電、地熱発電、バイオマス発電、水力発電を対象に、それぞれの種類毎に、あるいは発電規模別に、太陽光発電では設置場所（建物か地上か）によって、風力発電でも設置が陸上か海洋かによって、電力会社による買取価格を別々に定めて、どんな再生可能エネルギー発電設備の所有者でも、総必要経費を売電収入で補償されるようにしています。

　再生可能エネルギー発電設備所有者が、設備建設に必要な初期経費の大部分を金融機関からの融資で賄っても、売電収入で返済することができるようになっています。地域住民など、どんな主体でも取り組むことができるのは、この制度があるからです。

■再生可能エネルギーの熱・燃料利用分野での普及

　ドイツでは、熱利用や自動車などの輸送用燃料利用分野でも再生可能エネルギーを拡大する政策を採っています。太陽熱、固体バイオマス、地熱、環境熱などの再生可能エネルギー熱を利用する場合、設置補助制度があります。

　さらに、2008年から「再生可能エネルギー熱法」により新築建物には、なんらかの再生可能エネルギー熱利用を義務づけました。たとえば、太陽熱の場合、建築面積$1m^2$につき$0.04m^2$以上の太陽熱施設を設置することが義務づけられています。固体バイオマス、地熱、環境熱の場合は、これらで主な熱需要を賄わねばなりません。ただし、コジェネレーション設備からの熱供給を受けてもよいことになっています。設置補助も続けられています。

　このような普及制度によって、1990年の総熱利用の2％から2010年には9.8％を占めるまでになっています。「再生可能エネルギー熱法」の導入で、バイオマスを中心に太陽熱や地熱も普及速度は高まってきています。こうして、再生可能エネルギー熱利用量は日本の125倍にも達しているのです。

　輸送用燃料利用分野では、1999年にバイオ燃料には免税を実施して普及を図ってきました。輸送用燃料分野での再生可能エネルギーとして、バイオエタノール、バイオディーゼル燃料（BDF）、植物油などのバイオ燃料がありますが、ドイツでは軽油代替燃料であるBDFを中心に普及が進められています。1999年の環境税施行による石油燃料価格の上昇とバイオ燃料の免税措置により、菜種油などの植物油から合成したBDFは軽油より安価になり、普及が進みました。さらにBDF含有量5％以内の混合軽油を「軽油」として販売を認める普及政策が採られ、石油産業も混合燃料を販売するようになりました。

環境保全に熱心な市民やトラック会社などでの利用が増加し、2010年のバイオ燃料比率は5.8％になっています。日本の場合、バイオ燃料利用量の統計すらありません。

■農村地域を中心に全国に広がる再生可能エネルギー普及推進地域

なお、このような再生可能エネルギー普及は、農村地域を中心にあらゆる地域で取り組まれています。ドイツ国内には、再生可能エネルギー100％地域づくりやバイオエネルギー地域づくり、さらに地球温暖化対策に積極的に取り組む地域が拡大し続けています。図11はさまざまなプロジェクトを推進している地域を示したものです[32]。

多数の自治体からなる郡あるいは地域連合のような範囲で、明確な目標と計画、その達成を目指す実施体制を備え、環境省が認定した「100％再生可能エネルギー地域」が34、市町村単位の「100％再生可能エネルギー自治体」が56も存在します[33]。すでに、ドイツの面積の12.7％、人口では710万人が居住する地域が100％再生可能エネルギーを目指しているのです。

加えて、まだ認定されていませんが、100％再生可能エネルギーを目指して準備を進めている郡あるいは地域連合と自治体も多数あり、国土面積の8％を占めています。さらに、国土面積に対して、バイオエネルギー地域およびその候補地域が23％、気候同盟地域が6％、欧州エネルギー賞受賞地域が2％、気候保護イニシアチブ（KSI）加盟地域が1％を占め、再生可能エネルギー100％を目指す地域との合計で、国土の52％を占めるまでになっているのです。

このように、ドイツ全土に再生可能エネルギー普及や地球温暖化防止をめざす取り組みが拡大しています。これらの地域では市民主導の取り組みが進み、ドイツの地球温暖化対策・再生可能エネルギー普及を推進

図11 ドイツで再生可能エネルギー100％に取り組む地域

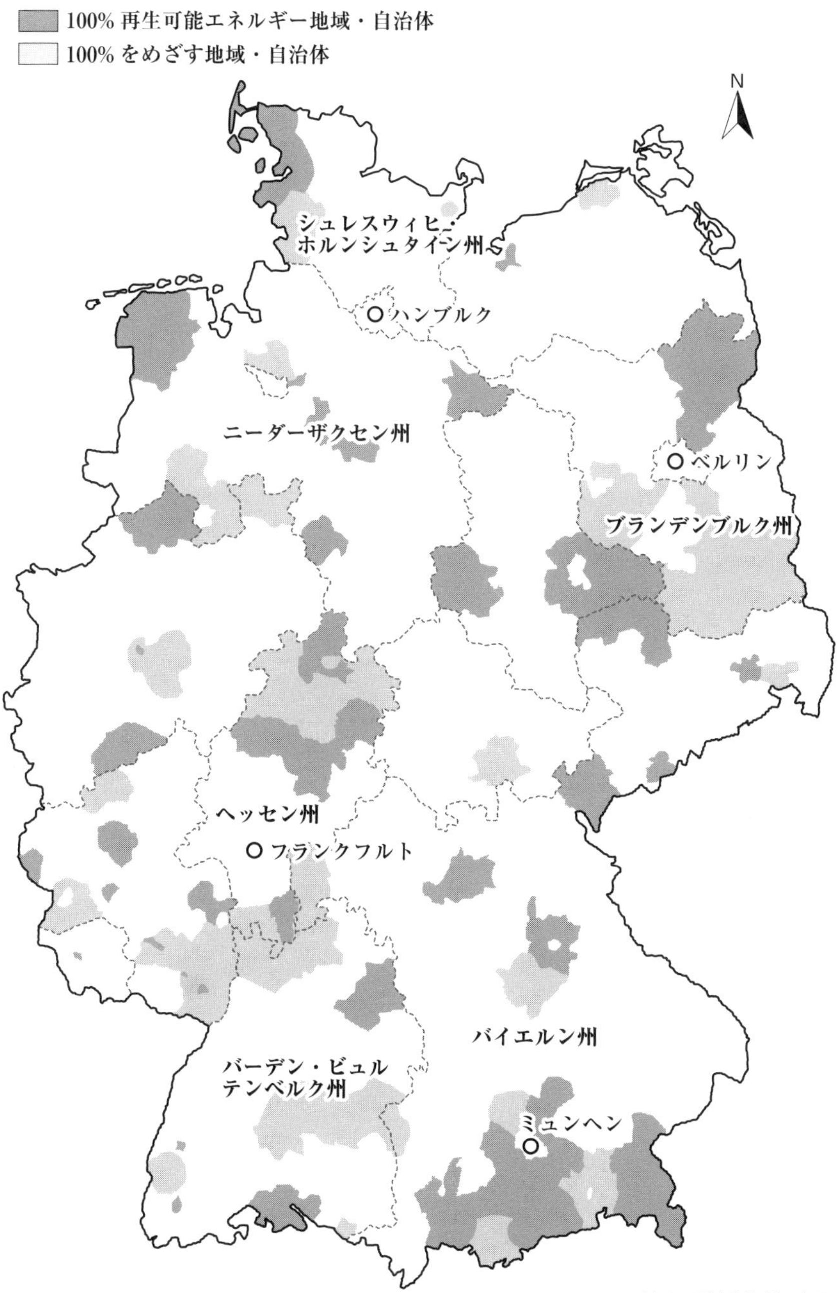

- 100％再生可能エネルギー地域・自治体
- 100％をめざす地域・自治体

ドイツ環境省資料による

すると同時に、地域、とくに農村地域の新たな発展と活性化が起きています。筆者が継続調査をしてきた自治体や地域では、住民が中心になって風力発電、太陽光発電、バイオガス生産、バイオ燃料用菜種生産など、それぞれの地域の特性を生かした再生可能エネルギー普及を推進し、それによって豊かになり、地域の活性化や後継者難の解消など、よい波及効果が見られています。そのうちの2つの例を紹介しておきます。

■ローデネ村の市民会社がつくった草原太陽光発電所

ドイツ最北端のデンマーク国境にあるローデネ村では、住民たちが市民会社を設立して合計2600kWの草原太陽光発電所を建設し、運営しています。自分たちで開発した太陽光を追尾する架台867基にシャープ製太陽光発電パネルを3kWずつ搭載し、低い日射量にもかかわらず、kW当たり日本より20〜30％も多い発電実績を挙げ、ほぼ800家庭分の電力を供給しています。売電収入により初期投資は10年以内に金融機関からの融資分など初期投資額を返却でき、買取期間20年のうち、残りの期間は年間約300万ユーロの売電収入が入る予定です。

市民会社の工場では、太陽光追尾式架台など太陽光発電や太陽熱利用のための関連機器を製造し、輸出までしており、村内外での太陽光発電所建設の企画や運営などの事業も実施し、近隣の二つの自治体に住民出資による5300kWと3243kWの大規模太陽光発電所を建設したり、住宅などに発電設備を設置したりしています。こうして、70人以上の雇用も生み出し、人口430人のローデネ村に新たな発展をもたらしているのです。

ローデネ村草原太陽光発電所

■反原発から再生可能エネルギー100％地域づくり

　原発反対から再生可能エネルギー100％地域づくりに取り組むようになったニーダーザクセン州のリュウヒョウ・ダンネンベルク地域は、エルベ川流域沿いにある郡で27市町村からなっています。この地域のゴアレーベン村に原発の放射性廃棄物の処分場建設計画が1979年に発表され、住民たちが反対してきましたが、1999年、住民の意向を踏まえて郡議会は「再生可能エネルギー100％地域」づくりを目指すことを決めました。それ以降、郡全体で積極的に取り組みを展開しており、それによって地域社会が大きく変化しています[34]。

　2000年には3.8％に過ぎなかった一次エネルギー中の再生可能エネルギー比率が、2009年には69％に上昇しています。その約8割がバイオガスを中心とするバイオマスで、約2割が風力発電、そのほか太陽光発電も増加し始めています。バイオガスプラントはすでに30以上も設置され、発電、熱、さらに自動車用燃料に利用しています。再生可能エネルギー関連の職場は100以上になっており、将来的には1000以上の職場を生み出せると推算され、雇用も増加しつつあります。

さらに、再生可能エネルギー普及の取り組みを担う人材づくりのために、2008年には修士課程を備えた再生可能エネルギーアカデミー（大学院）を開校しました[35]。社会人も含めた学生が、再生可能エネルギーの基礎から実践、応用面まで学ぶことができ、修了生は関連企業やNPOなどで活躍し始めています。住民たちは、持続可能な「100％再生可能エネルギー」地域をめざして誇り高く歩み続けているのです。

　こうして、ドイツは脱原発を進めながらも、再生可能エネルギー普及を推進することでCO_2や温室効果ガスの大幅削減を進めているのです。脱原発と地球温暖化防止は対立するものではなく、再生可能エネルギー普及を通じて同時に達成できます。また、それによって、将来性ある産業を発達させ、雇用も創出し、地方の活性化もはかれることをドイツは実証しています。

注

28　The UN Department of Economic and Social Affairs Development Programme (UNDP), the UN Department of Economic and Social Affairs (UN-DESA), and the World Energy Council (WEC)、"World Energy Assessment (WEA)" Chap. 5 (2000)

29　BP, "Statistical Review of World Energy 2010"；http://www.bp.com/productlanding.do?categoryId=6929&contentId=7044622

30　Lov om fremme af vedvarende energi（再生可能エネルギー促進法）；https://www.retsinformation.dk/Forms/R0710.aspx?id=122961

31　Bundesministerium für Umwelt, Naturschutz und Reaktorsicherheit (BMU), "Erneuerbare Energien 2010", 2011

32　Peter Moser, deENet, "100%-Erneuerbare-Energie-Regionen Erkenntnisse und Perspektiven" Kongress 100%-Erneuerbare-Energie-Regionen Kassel, 29. 09. 2010

33 de ENet, "Regionale Erfolgsbeispiele auf dem Weg zu 100% EE Sammelband zur Posterausstellung 100%-EE-Meile"；http：//www.100-ee.de/fileadmin / Redaktion / Downloads / Broschuere / Sammelband _ Regionale _ Erfolgsbeispiele_100EE_web.pdf
34 Landkreis Lüchow-Dannenberg, "Integriertes Klimaschutzkonzept", 2010
35 Akademie für erneuerbare Energien Lüchow-Dannenberg；http：//www.luechow-dannenberg.de/desktopdefault.aspx/tabid-3090/5837_read-21159/

第4章

日本での脱原発・再生可能エネルギー中心の持続可能な社会づくり

1 日本の温室効果ガス削減目標と現状

　最近、日本では、不況のために温室効果ガス排出量が以前よりは減少しているものの、なお欧州諸国のような削減に至っていません。

　長年続いた自民党中心の政府が、京都議定書で日本に課せられた温室効果ガス6％の排出削減目標の大部分を他国からの排出権の購入や森林による吸収に依存し、国内での実質的な排出削減に真剣に取り組む対策をとらなかったこと、京都議定書後も気温上昇を2℃以内にするために必要な中長期削減目標も定めようとしなかったことが、日本の温室効果ガス削減が進まなかった最大の原因です。

　2009年に民主党鳩山政権が誕生して、やっと温室効果ガスを2020年までに25％削減する目標が発表されました。しかし、それを実現するためのエネルギーシナリオはまだ示されていません。原発をどう扱うかも決まっていません。2008年につくられた「長期エネルギー需給見通し」

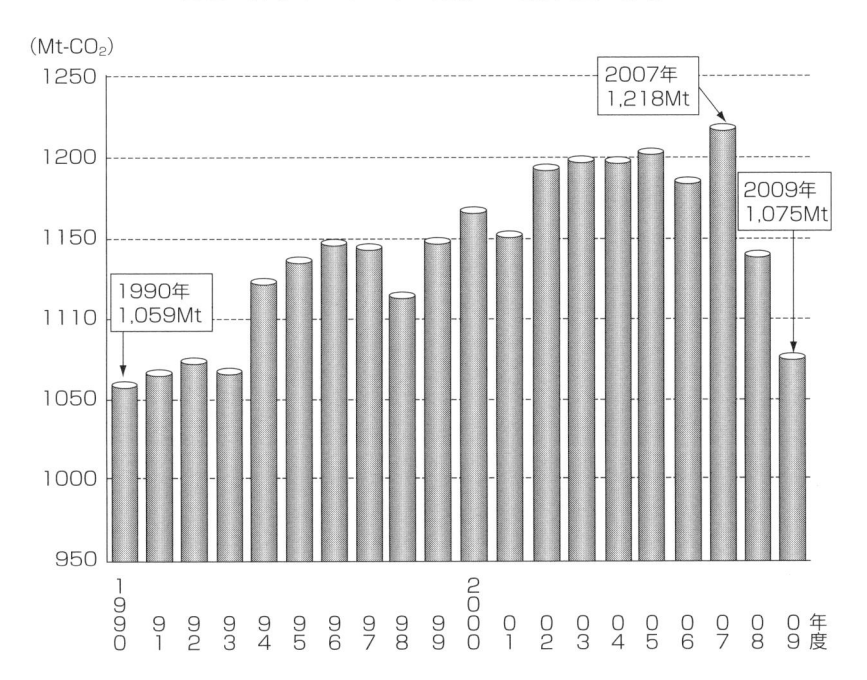

図12　日本のエネルギー起源 CO_2 排出量の推移[36]

は、自公政権時代のものですから、25％削減に沿ったものではなく、「原子力立国計画」に沿って原発を拡大し続けることになっています。再生可能エネルギー普及についてはきわめて消極的な見通しになっています。その原発推進政策がどのようにしてつくられ、推進されてきたかは、すでに第１章で述べたとおりです。

　その結果、原発と石炭火力発電所が増設され、CO_2 削減が進まなかったのです。その一方で、再生可能エネルギーについては、「普及推進」の看板だけは掲げましたが、普及を抑制する政策がとられました。前出の表３からもわかるように日本は再生可能エネルギー普及では大きく立ち遅れつつあります。

2 日本の再生可能エネルギー普及の現状

■日本と諸外国の再生可能エネルギー利用状況

先進国の一次エネルギーや電力中の再生可能エネルギー比率を図示してみました（図13）。

この図からわかるように、日本は2009年における一次エネルギー中の再生可能エネルギー比率が3％とイギリスと並ぶ最低国です。アイスラ

図13　1990年と2009年のIEA加盟先進国の
一次エネルギー中の再生可能エネルギー比率

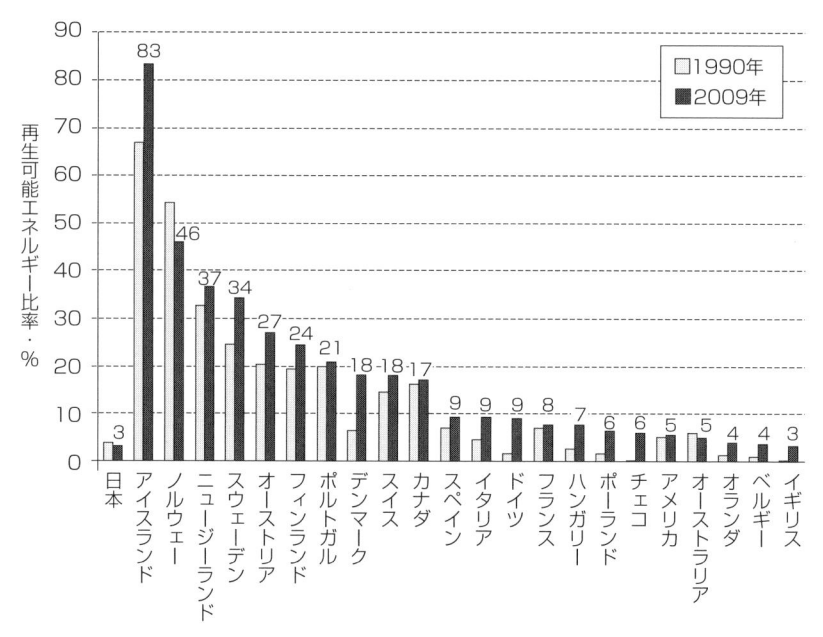

数字は2009年の比率（IEA；Renewables Information 2010のデータ[37]に基づき作図）

ンドは水力や地熱で電力の100％を賄い、一次エネルギー中の83％を再生可能エネルギーで賄っています。他の発電量が高い国はすべて山岳の多い森林国で水力とバイオマスが豊富です。

　日本は、これらのOECD・IEA加盟の先進国中では国土面積当たりの森林面積比率は68％で第2位ですが、森林比率が12％のイギリス、22％のベルギー、10％のオランダと並んで再生可能エネルギー比率が低いのです。

　さらに問題なのは、日本の再生可能エネルギーの普及が1990年からまったく進んでいないことです。日本の再生可能エネルギー比率は1990～2008年の期間は減少しており、年平均伸び率はマイナス0.4％です。再生可能エネルギー比率が低いイギリスの伸び率は9.5％と非常に高く、

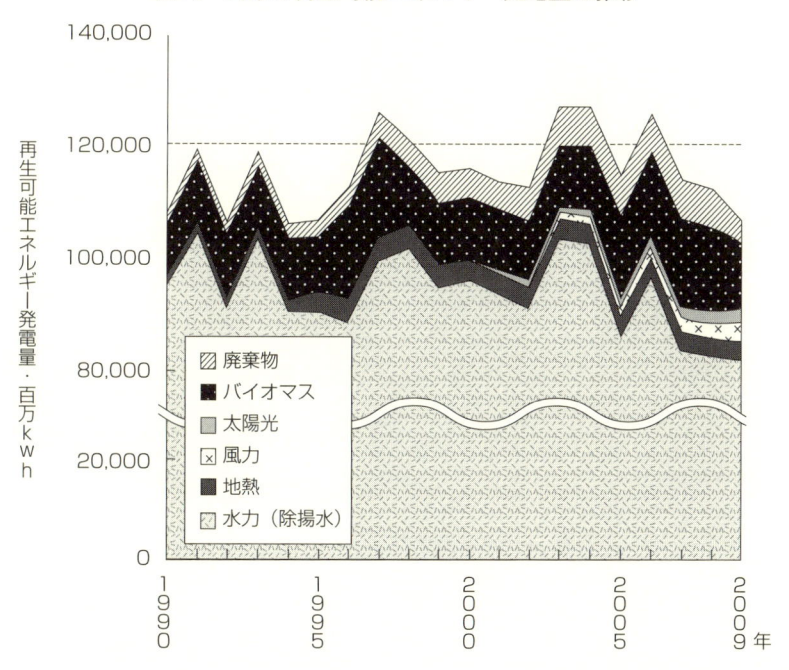

図14　日本の再生可能エネルギー発電量の推移

第4章　日本での脱原発・再生可能エネルギー中心の持続可能な社会づくり

ベルギーは6.5%、オランダも6.5%と高く、最近は普及を推進しているのです。実際に日本の再生可能エネルギー普及が進まなかったのは、すでに述べたようにきわめて低い普及目標を掲げたRPS法を採用するなど、有効な再生可能エネルギー普及政策をとってこなかったからです。

日本の再生可能エネルギー電力の推移は、そのことをよく示しています（図14）。

この図からわかるように、日本の再生可能エネルギー発電量の大部分は、いまだに大型水力発電が中心で、他の再生可能エネルギー発電量は増加してきているものの、総発電量は増加していません。ドイツの場合と比較すると、その違いは歴然としています。

2004年までは世界トップを走り続けてきた太陽光発電も、それ以降、ドイツとスペインに抜かれ、2009年にはドイツの3分の1以下になって

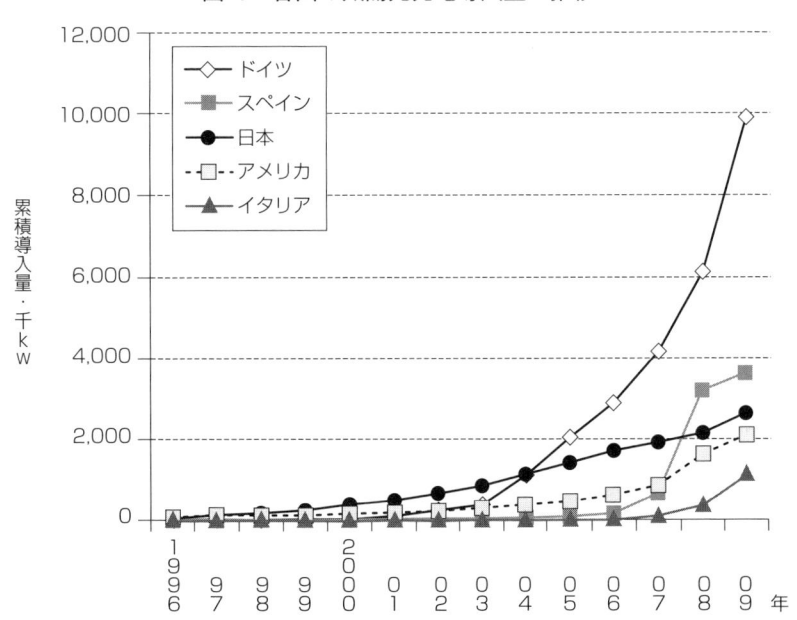

図15　各国の太陽光発電導入量の推移

います。2010年の日本の導入量はまだわかりませんが、すでに述べたようにドイツは741万 kW も新たに導入したので、さらに大きな差が生まれたと推定されます。アメリカやイタリアなどにも追い越されかねません（図15）。

かつて、世界の太陽光発電パネルの半分以上を生産していた日本ですが、ドイツ、中国、台湾、アメリカなどが急速に生産を伸ばし、今では日本のシェアは10％台にまで落ち込んでいます。

風力発電も、2010年末時点で世界12位と低迷しており、アメリカや中国の17分の1、ドイツの12分の1、スペインの9分の1、インドの6分の1しかありません。日本より国土面積も人口も少ないイタリア、フランス、イギリス、ポルトガル、デンマークのほうが多くの風力発電を設置しています。日本では、風力発電が環境破壊的なエネルギーであるかのような意見もありますが、これらの諸国では風力発電に対する反対運動はあまりありません。地域住民主導の普及を優先するなど、住民に迷惑がかからないようなルールをつくることによって、普及を推進できるのです。

地熱発電でも、資源量はアメリカ、インドネシアに次いで世界3位にもかかわらず、発電設備導入量は世界で10位になっています。上記2ヵ国以外に、フィリピン、メキシコ、イタリア、ニュージーランド、アイスランドが日本より上位にあります。地熱は発電だけでなく、熱利用に向いた非常に豊富なエネルギー源ですが、日本ではそのような利用もあまり進んでいません。もったいないことです。

森林資源をはじめ、バイオマス利用の面でも世界的に非常に立ち遅れています。いまでは薪炭利用のような伝統的な利用に限らず、バイオガスやバイオ燃料など、気体や液体のバイオマス利用が急速に進んでいます。日本でも研究開発は進んでいるのですが、有効な普及政策が採用されていないために立ち遅れているのです。

政策の遅れとともに、気になるのは、国民の中にある再生可能エネルギーで十分にエネルギーを賄えないのではと思う人々が多いことです。科学者の間でもそういう傾向があったように思います。しかし、それは原子力推進をもくろむ勢力が、原子力と競合する再生可能エネルギーに対して意識的にそういう宣伝をおこなってきた結果のように思います。

　第1章で述べたように、原子力に関しては推進のための教育や啓蒙活動が、国家予算も注ぎ込まれて活発に展開されてきました。一方、再生可能エネルギーについて、そのようなことはおこなわれてきませんでした。研究開発費もすでに述べたように、原子力には潤沢に使われましたが、再生可能エネルギーにはそうではありませんでした。世界の多くの国では、再生可能エネルギー普及のための教育や啓蒙、研究開発が盛んになされているのです。

　しかし、福島第一原発事故で原発の危険性は明白になり、発電コストも高くつくことがはっきりしたわけですから、新増設はやめ、炉材料の劣化が懸念される運転開始後30～35年経過した古い原発は廃炉にする方針を打ち出し、再生可能エネルギー普及に重点を移すべきです。

　原発は、単に危険で環境破壊的であるだけでなく、その強硬な推進は、地域社会の人間関係まで破壊することがわかっています[38]。建設予定地域では、原発建設用地の買収問題や漁業権の保証問題などもからんでお金が流れ、賛否によって市民の間に対立やいやがらせが生まれ、親類、兄弟同士の間までいさかいが起き、子どもたちの間でいじめが多発し、地域社会の人間関係がずたずたに切り裂かれます。そういう意味でも原発はクリーンなエネルギーではありません。再生可能エネルギーは適切に使用すれば、持続可能でクリーンなエネルギーです。

3 日本での再生可能エネルギー中心の持続可能な社会づくり

■地球温暖化防止と持続可能な社会づくりを目指すエネルギーシナリオ

すでに地球温暖化による危機を回避するとともに、脱原発を進めて持続可能な社会を目指している諸国のように、日本もそれに沿ったエネルギーシナリオを持つことが大切です。

筆者は、京都議定書を採択したCOP3開催の翌年1998年に、温暖化防止の国際的責務を果たすと同時に持続可能な社会を実現できる日本の21世紀エネルギーシナリオの最初の案を発表しました[39]。同時に、日本にはそれを実現するうえで十分な再生可能エネルギー資源が存在することも示しました。この頃に、このようなシナリオを政府が提示し、国民にその実現に向けて努力しようと呼びかけ、脱原発と再生可能エネルギー普及による未来づくりに進んでいれば、今回のような原発事故もなく、もっと住みよい社会が生まれていたと思われます。

しかし、現実には日本のシナリオは、原子力推進を維持、強化し、再生可能エネルギーを抑制するものでした。筆者のシナリオどおりのエネルギー転換は進まなかったので、ここには現状を踏まえて修正した新しいエネルギーシナリオを提示します[40]。

このシナリオは、CO_2排出量を1990年比で2020年までに27％、2030年までに48％、2050年までに80％のCO_2削減を目指し、以下の基本方針に基づき作成しました。①省エネやエネルギー効率改善を推進して一次エネルギーを削減する。②石炭と石油は削減し続ける。③天然ガスは石炭や石油の代替として2030年頃までは増やし、その後は削減する。④運転開始後30年以上経過した原発は順次廃棄する。⑤再生可能エネルギーを

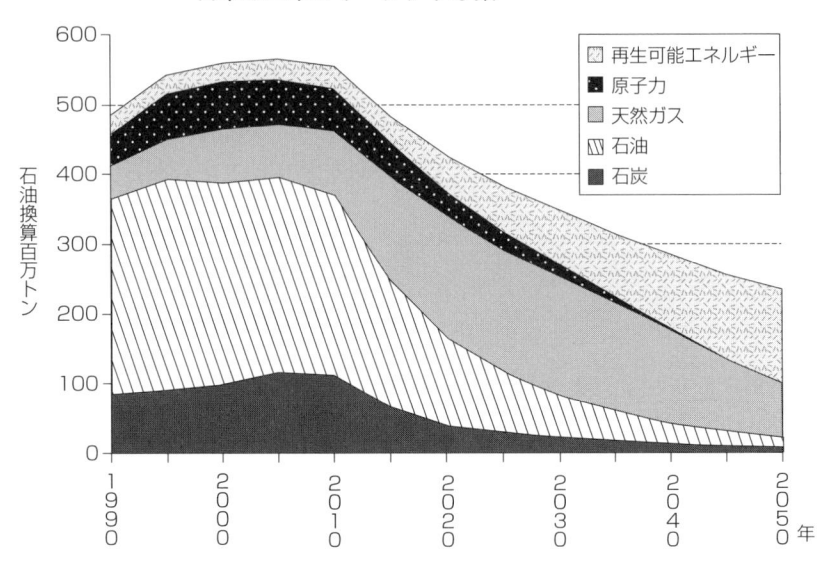

図16 地球温暖化防止と持続可能な社会づくりを目指す
　　　日本のエネルギーシナリオ案

大幅に増加させ、その比率を2020年までに12％、2030年までに23％、2050年までに57％に拡大する。

　このシナリオを見せると、よく受ける二つの質問があります。一つは、一次エネルギーを半分くらいまで削減しても、これまでの生活や生産活動などが維持できるのか、もう一つは、日本にはこのシナリオを実現するための再生可能エネルギー資源量があるのか、ということです。

　エネルギーの削減については、省エネ行動での削減だけではなく、家電製品や自動車などのエネルギー効率改善、建築物の断熱性の向上、またエネルギー供給段階でのエネルギー損失の削減（発電における効率改善など）を推進すればよいのです。家電製品や生産機器、自動車などの効率改善は、今後、急速に進んでいきます。照明のLED化や電気自動車などは従来の製品の2倍以上の効率になりますので、エネルギー量を半分以下に減らせます。建築物の壁、床、窓、屋根などの断熱性能の向上

は、エネルギー消費量を大幅に削減することになります。

　エネルギー供給段階では、発電における効率改善が重要です。現在、日本の火力発電の平均のエネルギー変換効率は40％強程度ですが、コジェネレーション（熱電併給）を採用すると電力と熱の供給を合わせて80％前後に高めることが可能です。また、風力発電、太陽光発電などでは、電力を一次エネルギーとして扱うことになりますので、このような再生可能エネルギー発電の比率が増加すれば、一次エネルギーの削減につながります。

　こうして、省エネやエネルギー効率の改善、再生可能エネルギーの普及を推進すれば、一次エネルギーを半減しても生活や生産活動に支障が出るわけではありません。

　日本の再生可能エネルギー資源量については、次に説明します。

■日本の利用可能な再生可能エネルギー資源量

　ここで、上記のエネルギーシナリオを遂行していくうえで、利用可能な再生可能エネルギー資源が十分にあるかどうか、という問題を検討しておかねばなりません。この問題について、すでにこれまでも筆者の推算結果を提示してきましたが、最初の1998年の発表当時、「利用可能な資源量はそれほど多くない」という批判を受けました。しかし、その後の諸外国での再生可能エネルギー利用形態の拡大などや筆者以外の新たな推算結果から、決して多すぎるものではなく、妥当なものと判断できるようになってきています。

　太陽光発電については、筆者が1999年にエネルギーシナリオを発表した際、建築物だけでなく、鉄道、道路、河川敷などの沿線や遊休地などの一部にも設置可能として、将来的に利用可能な資源量を8.5億kWと推定しました。その当時の他の利用可能量の推定は建築物への設置のみ

を対象にされていましたから、私の推定値は過大にみられたのです。

しかしその後、NEDO（2005年）は建築物や未利用地などで物理的に設置可能な理論的資源量（潜在量）を79億8400万kWもあると推定しています。また、ドイツ、スペインなどを中心に平地などでの大規模太陽光発電所の建設が進み、いまでは世界の導入量の4分の1に達するまでに拡大しています。最近、韓国やタイなどアジア諸国でも太陽光発電電力買取制度が採用され、大規模発電所が設置されたり、計画が進められたりしています。

最近、環境省が発表した「平成22年度　再生可能エネルギー導入ポテンシャル調査報告書」[41]では、耕作放棄地への導入ポテンシャルなどの推算結果も示されています。今後、太陽電池のエネルギー変換効率の向上、発電コストの低下、柔軟性や透明性に富む太陽電池の開発などを考慮した場合、利用可能量は増加しますから、推算値は決して過大ではないと思っています。

太陽熱に関しては、1970年代の石油危機後、太陽熱温水器の導入が進み、1980年には年間80万台も設置されました。しかしその後、年間設置件数は減少し続け、最近の12年間は数万台で推移しています。最近、各国で急速に普及が進んでいるにもかかわらず、日本は再生可能エネルギー利用全体のわずか2％に止まっており、日本だけが取り残されかねない状況にあります。

あの北国のデンマークでの地域暖房用太陽熱プラントを見たとき、日本ではもっと恵まれた太陽熱資源があるのに、放置されていると思いました。これは、普及政策の欠如がもたらした結果であり、太陽光発電よりもエネルギー効率が高い熱利用についても積極的な普及政策を採用すべきです。また、沖縄などの南日本での太陽熱発電も可能性を秘めています。

風力発電について、筆者は1998年の推算で、21世紀末頃の利用可能資

源量を3億kWと推定しました。ところが、環境省の「調査報告書」では、風力発電について陸上と海洋を合わせて、もっと大きい利用可能資源量が示されました。とくに欧米ですでに導入が進みつつある海洋風力発電についても検討され、浮体工法まで視野に入れると日本の導入可能量が極めて大きいのです。これらも参考にしながら、以前に示した日本における利用可能な再生可能エネルギー資源量について修正しました。

　前にも記しましたが、日本では、風力発電を環境破壊的な手段と考える人もいます。しかし、適切な設置ルールの策定や地域住民の参加による取り組みなどを推進すれば、再生可能エネルギーの中では経済性も優れ、クリーンなエネルギー資源です。

　地熱についてはすでに述べたように、日本は世界で第3位の膨大な地熱資源を有しています。ところが、地熱発電の設備容量（2009年）は53.5万kWで世界第8位に止まり、大きく立ち遅れています。インドネシアは2014年までに473.3万kWに拡大する計画です[42]。地熱の直接的な熱利用設備容量でも、日本は41.3万kWで世界12位、上位のアメリカ782万kW、スウェーデン384万kW、中国の369万kWなどと比較して、非常に低い水準に止まっています[43]。

　日本の場合、温泉の廃熱利用もあまりおこなわれていませんが、まずこのような廃熱の高度利用を推進するとともに、深さ100m程度の地中熱を利用したヒートポンプ空調システムやデンマークでやっているような通常の地下2～3kmの深さに存在する豊富な熱エネルギー利用を進めていくことが可能です。

　バイオマス資源についても、日本には活用できていない豊富な森林資源があり、休耕地でのエネルギー作物栽培や水中での藻類栽培などにより、より多くの新たな資源を生産できる可能性があります。国土面積当たりの森林被覆率が67%とほぼ日本と同じスウェーデンがおこなってい

るように、森林バイオマスを熱エネルギーなどに計画的に活用することができます。

　日本の人工林における杉の年間純生産量は石油換算1億1000万tと推算され、麦わらなどの農業廃棄物系バイオマス資源量を合わせると石油換算1億4000万トンと見積もられます[44]。さらに、休耕田や耕作放棄地が急増していますが、エネルギー作物として輸送用バイオディーゼル燃料生産用の菜種やひまわり、畜産の屎尿とともにバイオガス生産用に用いる成長速度の早い植物などの栽培によってバイオマス資源量を増加させることも可能です。

　山岳・森林の多い日本は水力資源も豊富です。資源エネルギー庁によれば、未開発の水力発電可能な地点のうちダムを必要としない1万kW以下の水力発電所が全体の過半を占めるとしています。既設の水力発電は、ダムを用いるような大水力発電所が総出力の大部分を占めているのに対し、多数の小規模発電可能地点が未開発なのです。1000kW以下のマイクロ水力発電については、渓流や農業用水、上下水道の落差利用などを含めると膨大な数の発電可能地点があります。地域住民主導でこれらに取り組めるようにすれば、大幅な導入が期待できます。

　海洋国である日本には、潮力や波力などの海洋エネルギーも豊富にあります。イギリスは、2008年に発電容量1200kWの商業用潮力発電所の運転を開始し[45]、さらなる新たな計画を次々と発表しており、海洋エネルギー発電で国の全電力需要の15～20％以上を賄える可能性があるとしています。アメリカやカナダなども積極的に開発を進めています。潮の満干を利用する潮力発電の場合、発電量は安定していて予測も容易なために利用しやすいエネルギーです。波力なども利用可能です。

　その他、雪氷の冷熱エネルギー、環境熱のヒートポンプによる活用など、日本ほど多様な再生可能エネルギー資源に恵まれている国はまれです。

表4 日本の再生可能エネルギー資源推定量

	理論的資源量[*1]	現在の技術的利用可能資源量[*4]	将来の技術的利用可能資源量[*4]	石油換算・万トン
太陽光発電	80億 kW	2億 kWp＝2000億 kWh	8.5億 kWp＝8000億 kWh	6900
太陽熱	3000万 toe	1500万 toe	1850万 toe	1850
陸上風力発電	13億 kW[*2]	2.7億 kW＝4900億 kWh	2.8億 kW＝4900億 kWh	4900
海洋風力発電	16億 kW[*2]	1.4億 kW＝3700億 kWh	12億 kW＝31500億 kWh	27000
バイオマス	1億4000万 toe[*3]	2700万 toe	4300万 toe	4300
地熱	60億 kW	2000万 toe	5000万 toe	5000
大水力発電	5000万 kW	4800万 kW	4800万 kW	900
中小水力発電	1700万 kW[*2]	740万 kW＝億 kWh	1400万 kW＝億 kWh	400
海洋エネルギー	?		3600万～5200万 kW	
環境エネルギー	?			
計；石油換算・万 toe		＞16277	＞52266	＞52266

* 1 理論的資源量の＊2、＊3以外の数値は、NEDO「新エネルギー関連データ17年度版」による。単位；発電容量を万 kW、石油換算量を万 toe で表示。
* 2 環境省地球環境局 地球温暖化対策課「平成22年度 再生可能エネルギー導入ポテンシャル調査概要」平成23年4月21日。
* 3 日本の人工林の年間純生産量に廃棄物系バイオマス資源量を加えた値。
* 4 技術的利用可能量は＊1、＊2などの資料を参考に得た推定値。

　日本の再生可能エネルギー資源推定量を表4にまとめておきます。表中の現在の技術的利用可能資源量で、上記エネルギーシナリオで2050年に必要な再生可能エネルギー分を賄うことができます。さらに、上述のように、利用可能資源量は将来的には増加していきますから、日本には豊富な再生可能エネルギー資源があるのです。

第4章　日本での脱原発・再生可能エネルギー中心の持続可能な社会づくり

■日本の再生可能エネルギー電力買取補償制度

　日本でもやっと2012年7月に再生可能エネルギー電力買取制度が実施されました。「電気事業者による再生可能エネルギー電気の調達に関する特別措置法（再生可能エネルギー特措法）」が施行されたのです。この法律により、太陽光発電、風力発電、中小水力発電、地熱発電、バイオマス発電などの自然エネルギー発電の電力は、電力会社によって固定価格で10～20年間買い取られることになりました（表5参照）。

　2011年3月に政府が国会に提出した法案では、買取価格や期間などについては経済産業大臣が決定することになっていましたが、不適切な買取条件になることを危惧した野党から専門家の委員会での審議結果を尊重して大臣が決定すると修正されました。こうして筆者も一員となった5人の委員からなる調達価格等算定委員会が設置され、その委員会の報告内容に沿って表5の買取条件が定められたのです。

　この買取条件であれば、適切な条件で発電設備を設置した場合、その所有者は必要経費を賄ったうえである程度の利益を得られます。これまでは、住宅への太陽光発電設置や市民共同発電所づくりなどでは、取り組んだ市民や団体はほとんど利益が得られず、むしろ費用を負担してきたのです。しかし、本制度が施行されたことで、市民を含めて誰もが損をすることなく、再生可能エネルギー発電を導入できるようになったわけです。2013年度以降の買取価格などは、必要経費などの変化に合わせて見直しされ、年度毎に設定される予定ですが、太陽光発電については半年毎の見直しもあり得ます。

　なお、買取費用は電気料金に上乗せして電力需要家から電力会社が徴収する、ドイツなどと同様の方式です。したがって、再生可能エネルギー発電が普及していけば、電気料金が上昇するので困るという意見もあります。しかし、従来の原発や火力発電を使用し続けたとしても、燃

表5 再生可能エネルギー電力買取制度の買取区分・価格・期間

電源		太陽光		風力		地熱		中小水力		
買取区分		10kW以上	10kW未満	20kW以上	20kW未満	1.5万kW以上	1.5万kW未満	1,000kW以上30,000kW未満	200kW以上1,000kW未満	200kW未満
費用	建設費	32.5万円/kW	46.6万円/kW	30万円/kW	125万円/kW	79万円/kW	123万円/kW	85万円/kW	80万円/kW	100万円/kW
	運転維持費(1年あたり)	10千円/kW	4.7千円/kW	6.0千円/kW	—	33千円/kW	48千円/kW	9.5千円/kW	69千円/kW	75千円/kW
IRR		税前6%	税前3.2%	税前8%	税前1.8%	税前13%		税前7%	税前7%	
買取価格(1kWh当たり)	税込	42.00円	42.00円	23.10円	57.75円	27.30円	42.00円	25.20円	30.45円	35.70円
	税抜き	40円	42円	22円	55円	26円	40円	24円	29円	34円
買取期間		20年	10年	20年	20年	15年	15年	20年		

電源		バイオマス				
買取区分		ガス化		固形燃料燃焼			
		下水汚泥・家畜糞尿	未利用木材	一般木材	一般廃棄物・下水汚泥	リサイクル木材
費用	建設費	392万円/kW	41万円/kW	41万円/kW	31万円/kW	35万円/kW
	運転維持費(1年あたり)	184千円/kW	27千円/kW	27千円/kW	22千円/kW	27千円/kW
IRR		税前1%	税前8%	税前4%	税前4%	税前4%
買取価格(1kWh当たり)	区分	メタン発酵ガス化バイオマス	未利用木材	一般木材(パーム椰子殻含)	廃棄物系バイオマス(木質以外)	リサイクル木材
	税込	40.95円	33.60円	25.20円	17.85円	13.65円
	税抜き	39円	32円	24円	17円	13円
買取期間		20年				

(調達価格等算定委員会「平成24年度調達価格及び調達期間に関する意見」平成24年4月27日;http://www.meti.go.jp/committee/chotatsu_kakaku/pdf/report_001_01_00.pdf)

注1:表中の「費用」は再生可能エネルギー発電設備所有者の標準的な必要経費を示す。また「IRR」は内部収益率の略称。それぞれの発電の種類と規模でのリスクの度合いが高いものほど内部収益率が高くなるように買取条件が設定されている。

注2:太陽光発電10kW未満の買取対象は余剰電力。住宅用は納税義務がないので

税抜・税込価格が同じで、設置補助金3.5万円/kWを加えると48円/kWhの買取
　　　価格に相当する。
　注3：太陽光発電10kW未満とガスコジェネレーションや燃料電池などを併設した、
　　　いわゆるW発電の場合、太陽光発電の余剰電力の買取価格は34円/kWhである。

料費などの上昇により電気料金がアップするのは避けられません。また、後述するように、再生可能エネルギー発電に地域住民、自治体、各種団体、中小企業などの地域主体が取り組むことで、それぞれの地域に売電収入が入り、産業や雇用も生まれるなど、地域に利益が還元されるのです。地域と無関係な大企業が発電所を建設し、売電収益を吸い上げていく方式では、国民の負担感が生まれますが、地域に利益が還元され、原発をなくしていけるのであれば、ある程度の負担も受け入れられると思います。

■再生可能エネルギー電力買取補償制度下での飛躍的普及

　この制度下で再生可能エネルギー発電の今後の普及推移を予測してみましょう。この条件下で地域主体の積極的な取り組みが進めば、図17のように普及が急速に進展すると思われます。なお、この図には大型水力発電の発電量も含めてあります。

　2020年には、設備容量にして太陽光発電は4800万kW、風力発電は3900万kW、バイオマス発電は180万kW、地熱発電は290万kW、中小水力発電は130万kW、大水力発電は現在とほぼ同程度の4600万kWとし、2050年には太陽光は3億5000万kW、風力発電は2億8400万kW、バイオマス発電は500万kW、地熱発電は1200万kW、中小水力発電は950万kW、大水力発電は4000万kWになります。これらの導入量は、日本にある利用可能資源量以下ですが、総発電量に対する再生可能エネルギー発電量比率は、2020年に22％、2050年には100％に向上する予定です。

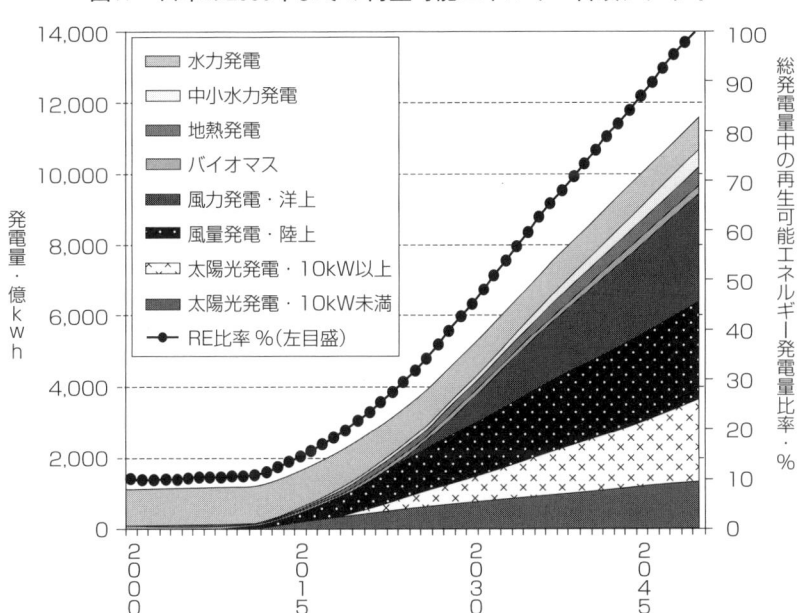

図17　日本の2050年までの再生可能エネルギー普及シナリオ

凡例：
- 水力発電
- 中小水力発電
- 地熱発電
- バイオマス
- 風力発電・洋上
- 風量発電・陸上
- 太陽光発電・10kW以上
- 太陽光発電・10kW未満
- RE比率％(左目盛)

左軸：発電量・億kWh
右軸：総発電量中の再生可能エネルギー発電量比率・％

また、2050年頃には海洋発電なども加わってくる可能性がありますから、十分に余裕があります。

　なお、この制度での買取価格を設置年度が後になるほど一定比率で低下させていくとして、その年逓減率を太陽光発電は5％、風力発電は1％、それ以外は0.5％と仮定した場合、このシナリオで2020年までの電力買取用に必要な財源は10.4兆円、年平均で1.2兆円です。すべてを電気料金に上乗せして徴収すると、1kWh当たり2020年で1.9円程度上昇し、家庭の月負担額は平均で約560円になります。しかし、おそらく化石燃料による火力発電や原発で電力供給を継続したとしても、燃料代の高騰でかなりの値上がりになるでしょう。環境破壊を起こさず、脱原発を実現し、安全で地球温暖化防止にも貢献し、将来性ある産業の発展や雇用の増加などの社会的好影響を考えると、決して高い負担ではない

と思います。

　国民負担を軽減するために、これまで主として原発新設のために使用されてきた電源開発促進税収も、再生可能エネルギー電力の買取財源に回せばよいでしょう。また、年平均買取財源の1.2兆円は、現在の防衛費（年間約5兆円）の4分の1に過ぎない額ですから、そちらから回すという選択肢もあり得ます。

■再生可能エネルギー熱利用、燃料利用の推進政策

　再生可能エネルギーは発電以外に、熱利用や自動車用燃料利用の分野でも普及を図る必要があります。

　再生可能エネルギー熱利用の中心は、バイオマス、地熱、太陽熱です。これらの資源は、日本中、どこにでもありますから、政策・制度を整備すれば、普及は飛躍的に進みます。上述のようにドイツでは、新築住宅などの新規建築物に再生可能エネルギー熱利用を義務づける制度と環境税収での補助金制度で普及を促進しています。東北地方や北海道、長野など、暖房期間の長い地域では、このような制度の導入や地域暖房の普及拡大を検討してよいでしょう。また、温泉がある地域では、ホテルでも住宅でも電気やガス、石油を使用した暖房などは一切やめて、周辺地域も含めた熱水による地域暖房を導入すべきでしょう。

　日本の場合、夏の冷房需要が多く、電力消費のピークが夏の日中にやってきます。電力会社は、そのピーク需要を満たすために発電施設を備えておかねばならないわけですが、冷房の電力需要を抑制できれば、発電設備を減らすことができるわけです。そういう意味では、建築物の断熱化や太陽光の遮蔽などとともに、地下の冷熱や雪氷冷熱などの積極的な活用もおこなっていくべきでしょう。

　地下の温度は季節による変化がほとんどないので、冬の暖房にも夏の

冷房にも活用できます。このような地中熱を活用したヒートポンプ式冷暖房は広範囲に使用できる技術です。欧米では普及が進みつつあります（アメリカでは数十万件）が、日本ではNPO法人「地中熱利用促進協会」加盟者の施工実績で全国で64件にとどまり[46]、立ち遅れています。筆者が環境フォーラムで講演を依頼され、視察をしたことがあるレストラン「びっくりドンキー」では、北海道の店舗では駐車場の深さ100mの地中熱を利用した冷暖房システムを導入していました。

　雪氷冷熱利用については、すでに北海道、新潟、山形など降雪量の多い地域でさまざまな利用施設がつくられています。筆者も新潟県安塚町を視察したことがありますが、米や農作物の貯蔵庫、物産館やレストラン、小学校での冷房などに利用されていました。雪氷利用を推進する制度を導入して、大都市も含めて積極的な活用を図ればよいでしょう。

　再生可能エネルギーの燃料利用は、バイオエタノール、バイオディーゼル燃料（BDF）、植物油などのバイオ燃料が中心です。しかし、これらの中には食糧と競合する場合があり、食糧価格の高騰などを招かないように、非食糧系燃料の利用を推進する施策が必要です。

　そういう意味では、日本で取り組まれている廃食油からのBDFづくりは、廃棄物の有効利用という観点からも良い取り組みです。バイオエタノールの製造をとうもろこしや芋類などの食糧と競合する糖や澱粉ではなく、わらや木、農業廃棄物、雑草などからのセルロースを原料にしていくか、非食糧系の米などの穀物類を利用していくのがよいでしょう。

　BDFについても、非食糧系の植物油としてインドなどで実用化しているジャトロファを沖縄などで生産することを検討してよいでしょう。ジャトロファは、農地に使用できない荒れ地での生産も可能であり、そういう意味でも食糧生産と競合しません。BDF製造原料を藻類で生産する技術も開発されつつあり、生産性が高いことから注目に値します。

なお、電気自動車が普及すると、バイオ燃料の需要が減少する可能性があり、輸送機関の動力源の転換も視野に入れておく必要があるでしょう。

　筆者が提案したエネルギーシナリオを実現するうえで、再生可能エネルギー比率を向上させていかねばならないわけですが、発電分野での比率を上述のように高めることができれば、熱利用や燃料利用分野では2050年で20％程度まで高めればよいことになります。そういう目標を明確にして、普及政策・制度を導入していく必要があります。

■日本の市民参加による再生可能エネルギー普及

　ドイツやデンマークでは、住民・市民参加で再生可能エネルギー普及が進んでいることはすでに述べたとおりです。両国だけに限らず、他の諸国でも市民参加型の再生可能エネルギー普及が進み始めています。太陽光発電の設置の中心が住宅であるのは多くの国で見られますが、風力発電でもアメリカやイギリスなどで市民風力発電所が増加しています。再生可能エネルギーは、その特性から市民参加に適しているのです。

　日本の場合はどうでしょうか。まず、太陽光発電ですが、日本の設置量の約8割が住宅設置、つまり市民による設置です。総務省の調査によれば、2008年時点の太陽光発電設置住宅は52.1万戸、全体の1.1％にのぼっており、持ち家の場合には1.6％になっています。また、太陽熱温水器などの太陽熱利用住宅は262.6万戸、全体の5.3％で、持ち家の場合には8.3％です。増減傾向では、太陽光発電設置住宅は、2003年の27.6万戸、全体の0.6％に比べてほぼ倍増している一方で、太陽熱利用住宅は2003年の308.8万戸、全体の6.6％から減少しています。しかし、日本でも太陽エネルギー利用で市民が果たしている役割が非常に大きいことは間違いありません。

これまで、日本には電力買取補償制度はなかったのですが、そういう状況下でも市民の取り組みは活発で、個人の太陽光発電導入だけでなく、市民共同の再生可能エネルギー発電所づくりの取り組みなどがおこなわれてきました。

　日本最初の市民共同太陽光発電所は、1994年に、当時、原発立地予定地であった宮崎県串間市で、原発に反対する市民たちが発足させたNGOによって設置されました。これは全国的な関心を呼び起こすまでに至りませんでしたが、COP3開催目前の1997年夏に滋賀県石部町の福祉施設に設置された市民共同太陽光発電所は、NHKテレビでの放映などのマスコミ報道もあって、その後の市民共同発電所運動のきっかけになりました。当時は住宅以外の設置には補助金もなく、参加者には経済的利益がないことはわかっていましたが、筆者も含めて6人が記者会見で呼びかけ、趣旨に賛同した計18人が20万円ずつ出資して4kWの発電所が誕生しました。

　その発電電力は電力料金並みの価格で工場に買い取られ、毎年、出資者には売電収入が分配されています。しかし、返済額は年に5000円以下で、40年以上経過しないと出資金額にも達しません。このような取り組みが簡単に広がらないだろうと思っていたのですが、意外にもその年にもう1基の市民共同太陽光発電所が誕生し、その後も次々と全国に広がっていきました。

　そのような普及において、市民共同発電所全国フォーラムの開催は重要な役割を果たしてきました。第1回は2002年8月に大津市で開催され、その後、彦根、京都、横浜、そして2007年9月に大阪経済大学にて第5回フォーラムが約400人の参加を得て開催されました。この時点で、全国の市民共同発電所数は185基、設置団体数は71にもなっていました[47]。

　内訳は、太陽光発電が165基と圧倒的に多く、大型風力発電が10基、

小型風車が9基、小水力発電が1基でした。地域的には、近畿圏が最多でしたが、北海道から鹿児島まで34都道府県に広がっていました。総発電設備容量は約1.6万kWに達し、太陽光発電は1040kWでした。市民共同発電所づくりに出資や寄付をした人数は約3万人、出資総額は25億円以上にもなりましたが、地域活動型などに参加する市民を加えれば、はるかに多くの市民が参加しています。現在ではおそらく200基を超えるほどになっていると思われます。

市民共同発電所づくりは、市民団体、行政と市民が協同する地域協議会、自治体、生協、自治会などがおこなっていますが、取り組む目的は、「再生可能エネルギー普及による地球温暖化防止」が98％と最多で、次に「再生可能エネルギー普及を通じて地域のエネルギー自給力の向上をめざす」が67％、「地域の再生可能エネルギー普及のための仕組みづくり」が64％、「原発に代わる再生可能エネルギー普及」が57％と過半数、「他団体、行政、企業との新しい連携づくり」48％、「エネルギー政策の転換」45％、「地域の活性化」43％となっています。このように、市民共同発電所づくりは、環境保全や地域づくりのための市民運動であり、日本の市民は経済的に負担してでも取り組んできたのです。

市民共同発電所のつくり方では、寄付型が49％、出資型法人会社方式が25％、出資型共同所有方式が21％、地域活動型が5％となっています。いずれの場合も、幼稚園、保育園、学校、公共施設などに設置される場合が多く、設置場所の子どもたちへの環境教育に活用されたり、環境問題への地域社会の関心を高める働きをしたりしています。

最も多いのが寄付型市民共同発電所で、全国各地につくられていますが、なかでも主婦を中心とする京都グリーンファンドは、多数の市民からの省エネで節約した寄付金などを得て、すでに15基もの市民共同太陽光発電所を幼稚園や保育園の屋根などに設置しています。横浜の「ソフトエネルギープロジェクト」、岡山の「エネルギー未来の会」、関西中心

ポッポおひさま市民共同発電所(「自然エネルギー市民の会」設置)

の「自然エネルギー市民の会」、和歌山の「紀州えこなびと」なども積極的に市民共同発電所づくりを進めています。参加者の経済的負担を伴う取り組みをドイツで話したら、「日本の市民はすごい。損をしてでも取り組んでいる」と驚かれました。でも、ドイツでもデンマークでも先駆的に取り組んだ人々はみんなそうだったのです。

　これに対して、地域活動によって資金を得てつくる方式もあります。掛川市の「エコロジーアクション桜ヶ丘の会」は、古紙や段ボールなどの廃資源回収益で中学校に市民共同太陽光発電所づくりを地域に呼びかけ、わずか2年で目的を達成しました[48]。目的に共鳴した人々が多数協力して、予想以上に資源回収が進み、地域社会の協同関係も強まったとのことです。環境教育の発展にも寄与し、同じ方式での発電所づくりも進んでいます。滋賀県野洲市では、地産地消の経済を発展させながら、地域通貨を活用して広く市民からの資金を集めて市民共同発電所をつくっています。

　市民風力発電所も、これまでに全国で12基が建設され、順調に稼働しています。それぞれ、市民から1億円前後の出資を得て各地に建設され

たものですが、すべて「北海道グリーンファンド」という市民会社が運転保守管理業務を受託して運営されています。今後は、日本でも地域住民に根ざした所有・運営という方式が広がっていくものと思われます。市民共同小水力発電所づくりも和歌山などでおこなわれています。

　京都の丹後地域では、「丹後の自然を守る会」を中心に多数の団体が協同して市民主導で廃食油回収をおこない、BDF利用を実施しています。地域住民の協力を得て900カ所もの回収拠点を設置し、年間90klもの廃食油を回収し、BDFを製造して福祉関係のバスやゴミ収集車の燃料として利用する活動を展開しています。

　上記の取り組みからわかるように、各地で市民の再生可能エネルギー普及の主体的な取り組みが進んでいます。日本にも再生可能エネルギー普及を目指す、大きな市民力があるのです。適切な再生可能エネルギー普及政策・制度さえ整えば、日本でも飛躍的な普及が可能です。

■日本の自治体による再生可能エネルギー普及

　地域主体としての自治体の取り組みにも、すばらしい事例があります。その代表的事例として、ここでは再生可能エネルギー100％を目指す高知県梼原町と岩手県葛巻町を紹介しましょう。

　梼原町は四万十川上流の山間部にある人口4000人弱の過疎化している町ですが、再生可能エネルギー資源に恵まれています。1999年に新エネルギービジョンを策定し、600kW風力発電機2基を設置します。さらに、その売電収入を利用してさまざまな再生可能エネルギー普及のための助成制度をつくりました。

　住宅用太陽光発電、小水力発電、小型風力発電、温度差エネルギー活用施設に対しては出力1kW当たり20万円、上限80万円の助成、太陽熱温水器、ペレットストーブ、自然冷媒ヒートポンプ給湯器などには購入

価格の4分の1の補助がなされ、大きな成果を挙げています。これによって太陽光発電設置住宅比率は全国トップクラスで平均の約5倍とし、小水力や小型風力発電の導入、地熱を利用したプール建設、間伐材を用いたペレット暖房、などを推進し、町のエネルギー自給率を向上させつつ、林業やペレット製造工場などの産業の活性化と雇用創出を実現しているのです。

今後、温室効果ガス排出量を、森林による吸収分を含めると1990年比で2030年までにマイナス711％に、2050年までにマイナス1081％にするというすごい計画を掲げています。それを達成するために、2030年までに1000kwの風力発電機を20基、2050年までに40基増設するとともに、ペレットの熱エネルギー利用や建造物の断熱強化などを推進しつつ、森林整備によるCO_2吸収力の向上を図っていくことになっています。こうして、再生可能エネルギー普及を通じて、地域の活性化と地球温暖化防止を統合的に推進しようとしているのです。

岩手県葛巻町も、岩手県の山間部の人口8000人弱の町ですが、多様な再生可能エネルギー普及を推進しています。この町も梼原町と同様、1999年に新エネルギービジョンを策定し、町も出資する第3セクターが400kW風力発電機を3基建設、再生可能エネルギーの取り組みを開始します。これを契機として、電源開発が2003年12月に1750kW×12基、総出力2万1000kWのウィンドファームを完成、稼働させ、町の電力需要を大きく上回る電力が生産されるようになりました。また、事業推進協力費や固定資産税が町に支払われ、町財政を潤しています。

また、乳牛9000頭を飼育する畜産業や森林資源が豊富で林業の盛んな町である特徴を生かし、バイオガスコジェネレーション発電プラント、木質ガス化コジェネレーション発電プラントなどを導入し、産業振興につなげています。さらに、補助制度を導入し、多数の薪・ペレットボイラー、太陽光発電、小水力発電、地中熱冷暖房システムを公共施設や住

宅に普及させています。その結果、すでに電力については全所帯の約2倍を供給するに至っています。

　2つの町を紹介しましたが、これらの自治体は、日本の遅れた再生可能エネルギー政策の下で、自らの努力で大きな成果を上げてきました。もし、再生可能エネルギー普及の取り組みに経済的負担を伴わないような制度が導入されれば、今後、さらに飛躍的な展開が可能であることは間違いありません。また、日本には、このような地理的条件を備え、再生可能エネルギー資源の豊富な地域は至る所にあります。そういう多くの地域でも、同様の発展をもたらすことができるはずです。

■地域社会の取り組みによる再生可能エネルギー普及促進

　地域社会（市民や自治体）主導の取り組みは、企業主導よりも再生可能エネルギー普及を促進します。その理由をまとめておきましょう。

(1)　エネルギー生産手段導入の選択基準は、市民・自治体の場合は利潤最優先ではありません。企業の場合、従来の生産手段よりもコスト的に有利で利潤増加が見込める生産手段は積極的に導入しますが、そうでなければ積極的には導入しません。大きな利益が得られなくても、損をしない条件さえあれば、地球温暖化防止などの環境保全を願う立場から、市民や自治体は再生可能エネルギー普及に取り組むのです。

(2)　再生可能エネルギーは地域社会（市民や自治体）にメリットをもたらします。安全・安心なエネルギー供給、地域環境保全、地域社会の活性化（農林業など地域産業の発展や雇用増加、地産地消の推進、観光活用など）、市民間あるいは市民・行政・企業間の協力協同関係の発展など、住みよい地域社会をもたらします。

(3) 再生可能エネルギー生産手段導入への反対が減少します。企業主導の普及では導入プロセスが一方的になりがちで反対運動（たとえば、風力発電導入への反対運動など）が起きやすいのですが、市民や自治体の取り組みでは、地域に配慮したプロセスをとることで反対運動が起きにくくなり、普及がスムースに進みます。
(4) 市民や自治体の資金が再生可能エネルギー生産に活用されます。日本では、一部を除き、市民資本はあまり生産に活用されてきませんでしたが、市民や自治体主導の再生可能エネルギー普及には有効活用されるようになります。電力買取補償制度のような、一定の利益を確実に国民に還元できる制度が採用されれば、日本の国民の預貯金総額は1400～1500兆円という膨大な額ですが、それを有効活用できる可能性があるのです。電力買取補償制度の下での再生可能エネルギーへの投資は、株式投資などと異なり、確実に投資資金を回収し、一定の利益が得られるようになるからです。

再生可能エネルギー普及政策や制度を導入する際には、普及主体が地域社会になることを前提に制度設計することが重要です。普及が促進されれば、将来性ある再生可能エネルギー産業も発展することになります。したがって、日本の経済発展にとっても、市民参加による再生可能エネルギー普及とそれを推進する政策・制度が重要な役割を果たすのです。

電力買取補償制度の下で、今後は市民団体や自治体だけではなく、生協、農協、森林組合、商工団体、地域自治会、労働組合、医療団体などの地域のあらゆる主体が、再生可能エネルギー普及に積極的に取り組むことが期待されます。

■**再生可能エネルギー普及促進による社会的メリット**

　適切な再生可能エネルギー普及制度の採用は、ドイツなどでもみられるように、普及促進をもたらし、それによって多くの社会的利益をもたらします。筆者が提案するエネルギーシナリオや再生可能エネルギー普及を実現していった場合の社会的利益をここにまとめておきましょう。

　まず第1に、CO_2排出を大幅に削減でき、地球温暖化防止に貢献します。再生可能エネルギーの電力、熱、燃料利用を推進し、省エネやエネルギー効率の改善と合わせれば2020年までに1990年比で30％削減も可能です。

　第2に、既存の火力発電所などを減らし、石炭や石油などの資源輸入とその費用の削減、節約ができます。筆者のシナリオでは、2020年には年間1.1～1.5兆円程度の削減が推定されますが、この節約額は毎年増加していくので、再生可能エネルギー普及は長期的には経済的にマイナスにはなりません。さらに、再生可能エネルギー普及は国際条約で義務づけられた温室効果ガスの削減目標を達成できなかった場合に生じる排出権購入による負担を軽減することにもつながります。

　第3に、将来性ある再生可能エネルギー産業が発展します。筆者のシナリオでは、発電分野だけでも2020年に60万人以上、2030年には120万人以上の雇用が期待できるのです。原子力発電を増加させても、このような大きな雇用効果は期待できません。再生可能エネルギー産業は、資源コストが無料もしくは安価ですが、労働集約的な産業ですので、多くの雇用を創出するのです。

　第4に、再生可能エネルギー普及は日本のエネルギー自給率を向上させ、エネルギー安全保障を向上させます。国内に豊富な再生可能エネルギー資源がありますので、その利用は当然、エネルギー自給率の向上につながります。40％前後の食糧自給率の10分の1しかない4％のエネ

ギー自給率の向上は日本にとって焦眉の課題です。また、火力発電や原子力発電の減少により、大気汚染や放射能汚染などの環境破壊リスクも低下させます。

第5に、地球温暖化防止と持続可能な発展における日本の国際貢献を可能にし、高い国際的信頼を得ることにつながります。再生可能エネルギー産業や技術の発展を通じて、発展途上国での普及に協力できます。原発の世界への拡大は、核兵器の拡散をはじめ、原発事故のリスクなども高めますが、世界の再生可能エネルギー普及が進めば、資源紛争を減らし、国際平和の実現につながるのです。

第6に、市民主導の再生可能エネルギー普及の促進と市民資産の有効活用を可能にし、市民に社会貢献という誇りと喜びを与えます。上述のように、日本の貯蓄総額は1400～1500兆円とも言われますが、市民は安全に運用され、有意義と思える対象であれば、投資する人が増加し、普及も促進されるのです。

第7に、再生可能エネルギー資源が豊富な農山村地域は、エネルギー供給地として新たな発展と活性化が進みます。電力買取補償制度のような適切な普及政策が採用されると、農山村は食糧生産に加えて、エネルギー作物、バイオガス、森林資源などのバイオマス生産、さらに風力発電、太陽光発電、小水力発電設備の設置を担う地域となり、農林業が新たな発展に向かうとともに、住民主導の普及が進めば、利益が住民や地域に還元され、生活も豊かになります。高齢化や過疎化に悩む農山村地域に、若者が定着し、日本の食料など自給率の向上にもつながります。

第8に、上記のさまざまな変化とともに、市民参加によりエネルギー生産手段の民主的社会化が進み、持続可能な社会への発展につながることも期待できるのです。

このように、再生可能エネルギー普及は脱原発と地球温暖化防止を同

時に推進するだけでなく、新しい健全な社会を構築する条件をもたらすのです。

注

36 経済産業省「平成21年度（2009年度）エネルギー需給実績（速報）」2010年10月

37 IEA, "Renewables Information", 2010)

38 五十嵐有美子、和田武「風力発電所設置と原子力発電所設置計画の地域社会への影響─三重県久居市と三重県南島町を事例に─」『人間と環境』、Vol.28、No.5、2002

39 最初のシナリオ案は、1998年12月気候ネットワーク主催のシンポジウム「市民が進める地球温暖化防止への道」で発表。和田武「温暖化防止のためのエネルギーシナリオ」『環境展望1999－2000』実教出版、1999年に掲載。

40 和田武「持続可能な社会に向かって─移行の道筋を描く─」『環境展望 vol.4』実教出版、2005年

41 環境省「平成22年度 再生可能エネルギー導入ポテンシャル調査報告書」平成23年4月21日；http://www.env.go.jp/earth/report/h23-03/

42 NNA．ASIA、2009年6月23日；http://news.nna.jp/free/news/20090623idr002A.html によると、インドネシアで2014年までに新設する1000万kWの発電所のうち、47％を地熱発電とし、水力発電と合わせて60％を再生可能エネルギーで賄うとエネルギー相が発表している。

43 M．H．Dickson, M．Fanelli 著、日本地熱学会 IGA 専門部会訳・編『地熱エネルギー入門（第2版）』日本地熱学会 IGA 専門部会、2008年；http://www.geothermal-energy.org/

44 日本の森林の純生産量は3億トンあり、エネルギー量にすると12×10^{14} kcal－原油1億2900万kl（越島哲夫『木を科学する』思文閣出版、1988年）。これに廃棄物系バイオマス資源量を加えた場合は原油1億6300万klに相当する。

45 Marine Current Tubines 社のホームページ；http://www.marineturbines.com/

46 NPO 法人「地中熱利用促進協会」ホームページ；http://www.geohpaj.org/

47 市民共同発電所全国フォーラム2007調査報告書作成チーム『市民共同発電所全国調査報告書』、2007年
48 和田武、田浦健朗『市民・地域が進める地球温暖化防止』学芸出版、2007年

| 資料 | 緊急提言

震災復興と脱原発温暖化対策の両立を可能にするために

2011年4月16日　　日本環境学会

　東日本大震災が起こって1ヶ月が過ぎましたが、被災地では過酷な避難生活が続く中、いまなお1万人を超える不明者がおられるという悲惨な事態に直面しています。一方、東京電力福島第一原子力発電所の事故は、陸海空域に放射能汚染を広げながら、なお事故収束の見通しが立たない深刻な事態が続き、原子力安全・保安院と原子力安全委員会は「国際原子力事象評価尺度（INES）」で史上最悪のチェルノブイリ事故並の「レベル7」に引き上げました。一刻も早く事故収束の見通しを立てることが優先されねばなりません。同時に、困難きわまる被災地の生活の改善、復旧・復興のために、また近づく夏の需要増のためにも安定した電力供給力の確保が急がれます。

　こうした中、環境省や経産省では、4月4日、電力会社に対して発電所新設に係る環境影響評価を免除する方針を検討していると伝えられ、また温暖化対策を困難視する動きが出されてきています。しかし温暖化対策も避けて通れない重要課題です。原発が駄目なのでこの際どんな火力発電でもかまわないといった、震災復興と環境対策が対立するような、また公害や温暖化その他のリスクにより、後になって軌道修正を迫られるような施策を進めることは大いに問題です。

　被災地の生活支援、復旧・復興の課題、および今回の事故で事実上新増設不可能となった原発への依存度を下げる課題、そして温室効果ガス25％削減の課題、これらは決して対立するものではなく、両立可能、むしろ被災地復興とその後の発展により役立つものであると私たちは考えています。この私たちの視点に立った電力・エネルギー施策について、上述のような経産省、環境省の動きに鑑み、緊急に提言するものです。提言は、当面急がれる電力需給確保の応急対策、および温暖化対策を視野に入れた中長期政策に分けて述べています。

0．東京電力福島第一原発の事故対応について

　この提言の主旨は表題のとおりである。しかし危機的状態が続いている東電福島第1原発事故が急変する事態にでもなれば、提言する電力・エネルギー施策も具体の論議をするどころではなくなる。一刻も早く事故収束の見通しを立てることが優先されねばならない。

　放射能の漏出を防止しつつ、原子炉を冷温停止状態にするための最善の対策を採らねばならない。福島第一原発、その廃炉処理にこぎつけるのに、この先十年二十年、長い厳しい業務が待ち構えているが、しかし現在の事態への対処は一刻を争うのである。そうでなければ放射能汚染の防止・浄化の見通しも、避難解除の見通しも立たない。政府と東京電力が全力でその責務を果たすことを強く要求する。

1．当面の電力需給バランス確保の方策について

（1）環境影響評価の免除措置
　報道によれば、4月4日環境省と経産省は電力確保のための臨時措置として、東京電力発電所新設などの環境影響評価の免除（注）する方針という。被災地における被災生活の改善、震災の復旧・復興のために必要な電力を確保することは当然で、異論はないが、しかし一方で温暖化対策も避けて通れない重要課題である。

　災害対応のための限時措置として、時間のかかる手続き的な環境影響評価を免除するとしても、そのために公害をもたらしたり、通常なら地球環境への悪影響を理由に採用されない発電設備が建てられたりするようでは、後々温暖化対策で窮することになる。「震災復興か環境アセスメントか」というような乱暴な議論ではなく、新増設される発電設備が、温暖化対策にも寄与するような方策が工夫されるべきである。そこで、具体策として以下を提案する。

　　注：環境影響評価法第52条第2項に、災害対策基本法の災害復旧事業および必要とする施設の新設又は改良に関する事業などについて適用除外規定がある。

（２）電力需給バランス確保の具体的方策について

単に供給力確保というだけでなく、需給バランス確保という総合的な視点でみれば、①供給力の増大、②需要電力の抑制と調整、③融通電力容量の増大（電力融通ネットワークの広域化）などが考えられる。①だけでなく、②，③も工夫して①の負担をできるだけ緩和すべきである。以下具体策を列挙する。

①供給力に関する方策

ⅰ）大気汚染や温暖化への負荷が極端に大きい石炭や重質石油を燃料とする火力は除くこと。

［付言］目安として、長期計画休止設備の復活と設備新設を伴わない出力増強以外は、CO_2排出量が原油利用、発電効率40％の場合の0.62kg-CO_2／kWh 未満（発電端）のものを対象とすること

ⅱ）ガスタービン発電機は、燃料はLNG、天然ガス、都市ガスとし、当面はピーク負荷用としても、将来はコンバインドサイクルプラントとして完成させる計画とすることが望ましい。

②需要電力の抑制方策

ⅰ）需要電力量の3分の2を占める「特定規模需要」を中心に需要管理方策を計画し、政策化する。単なるピークシフトだけでなく、設備投資や運用管理（機器管理の効率向上）で次年度以降の省エネ継続強化につながるものを目指すこと。

ⅱ）夏のピークを形成する業務ビルの電力需要を、営業や職場環境を低下させることなく効率的に行うための支援を行うこと。

［付言］冷房設備の複数系統の一部を停止する工夫や管理システムの導入、明るすぎる室内照明を落とすための配線改修やシステムづくり、地域のビルで短時間ずつ冷房を停止し、職場環境を損なわずにピーク需要を落とすシステム・協力体制づくり、自販機・温水便座など停止しても問題の少ない機器紹介、夏までに間にあう省エネ改修の診断やリース機器の省電力のアドバイス、その他、省エネ改修・診断支援を広範に行い、国と自治体が協力して相談窓口を設け、超大口でない事業者や業務ビル入

居者も電力25％以上の削減を円滑にできるよう支援する

iii）震災被災地での復旧復興で再生可能エネルギー導入、省エネ設備の更新・導入、断熱建築強化などを促進するため、国費負担や長期無利子貸付など思い切った財政支援を行うこと。

iv）再生可能エネルギー導入、省エネルギーを緊急・急速に促進する措置を全国的に進めること
［付言］エネルギー特別会計の電源開発促進勘定などにある原子力関連予算を組みなおし、省エネ余地点検支援や設備投資支援、再生可能エネルギー電力買取補償制度や熱利用推進制度の導入などを実施する。

③緊急に東西間の電力融通容量の増大を図る

現在、東日本西日本間の電力融通を可能にする周波数変換設備の容量は100万kWしかない。報道によれば経産省は4月13日、5年以上かけて数倍に増やす方針を固めたという。周波数変換設備を緊急措置として、より早急に、より大容量の増設を、電力事業者任せとせず、国主導で計画を立て電力事業者に指導するよう提言する。東西間融通が増せば、節電や大口企業などの負荷調整が西日本圏でも分担可能となり、全国で支援することもやりやすくなると考える。

２．震災復興達成と共に、脱原発で温室効果ガス25％削減の達成を

東日本大震災と東京電力福島第一原子力発電所の事故は、世界と日本の温暖化・エネルギー政策を見直す契機となっている。原発依存は計り知れない大きなリスクを伴うことが、誰の目にも明らかになった。また、自公政権時代には、石炭火力発電所を大幅に増加させてきたが、茨城県から宮城県の海岸に立地する石炭・石油の大規模火力発電所も停止した。

被災地の生活復旧・産業復興とともに脱原発を進める課題と、温室効果ガス25％削減目標とは十分に両立可能である。「震災復興か、温暖化対策か」という乱暴な議論で脆弱な大量エネルギー消費社会への後戻りを指向するのではなく、震災地域の復興に必要な電気や燃料を届け、地域産業が復活し雇用も増

え、かつ次世代が温暖化リスクに直面しないような対策を進めることが必要である。

これまで、政府は地球温暖化防止を理由に原発拡大を推進し、その一方で再生可能エネルギー普及の方針を掲げておきながら、発電分野では普及目標の極めて低いRPS法を採用し、熱利用や自動車燃料利用分野では有効な対策をとらず、その結果、一次エネルギーに対する再生可能エネルギー比率は減少傾向にある（IEA）。原発事故後、政府も原発拡大のエネルギー政策を見直すとしている。今後は、リスクを伴う原発や石炭利用を抑制しつつ、安全でCO_2排出を抑制できる対策について、国民的議論を通じて選び、それを推進する政策を強化していくことが必要である。

（1）日本環境学会が提案する対策の柱

- 大量エネルギー消費を継続しつつ、原発拡大と化石燃料消費を維持するという、安全性と価格高騰・供給不安のリスクを抱える道は否定されたと言える。対策の柱に、再生可能エネルギー普及、省エネ・エネルギー効率改善、石炭依存低下を掲げるべきである。
- 日本環境学会では2009年に、原発を拡大せず、省エネ、再生可能エネルギー普及を進め、石炭利用をほぼ1990年水準に戻すことで、2020年までに温室効果ガス排出量の25％削減を実現できることを示した（『人間と環境』第35巻、第3号、2009年11月）。これに原発縮小分の追加対策を行い、震災復興を図りながら25％削減することは十分に可能である。被災地の電源確保には天然ガス火力発電、再生可能エネルギー電力、需要側の省エネなど、多様な選択肢があり、25％削減と両立する。
- 再生可能エネルギーは大きなポテンシャルがある。電力については、2020年に日本全体の20〜25％を再生可能エネルギーで賄える。熱利用では、日本に豊富なバイオマス、太陽熱、地熱等を活用すれば、CO_2削減とともに産業発展や雇用拡大も実現できる。震災復興でも、再生可能エネルギー発電、地域暖房、エネルギー作物栽培などを推進し、エネルギー生産・供給地にすることも可能である。津波被害で発生した大量のバイオマス系廃棄物をエネルギー源として活用することも考えられる。
- 省エネ技術はLNG火力発電所、各種工場設備、オフィス、家庭、自動車などで急速かつ広範囲に進んだ。既存の工場やオフィスの省エネプロジ

ェクトでは15～30％もの削減実績がある。現状の設備を2020年までに最新の高効率設備に計画的に置き換えていくことで、工場も含め、大きな排出削減が達成できる。また、現在、東日本で多くの主体の努力で実現している節電を今後も活かしていくことが考えられる。
- 送電事業と発電事業の分離。地域間の電力融通や再生可能エネルギー普及促進のために、電力事業に関しては、地域独占的体制をなくするとともに、他国と同様に発電事業と送配電事業を経営的に分離する必要があり、その実現を目指すべきである。

（２）2012年までの６％削減目標

上述のように震災復興、原発代替の手段は存在する。京都議定書の第一約束期間、2008～12年目標である６％削減（1990年比）も、震災復興を図り、2011年に火力発電を活用しながらでも十分に可能である。

（３）対策を進めるための国内制度

震災復興の電気を確保し、同時に将来の持続可能な低炭素社会につながる設備投資やインフラ整備を進めるには、「震災復興」と温暖化対策を二者択一と考えず、統合的な対策を進める制度の抜本改革が必要である。政府も表明し、自治体も求めているように、原発依存を断ち切り、省エネ、再生可能エネルギー拡大と石炭依存縮小のための制度を導入すべきである。

再生可能エネルギー電力の普及促進のために、適切な電力買取補償制度（FIT）の採用が不可欠である。あらゆる再生可能エネルギー電力の全量買取を適切な価格・期間で実施し、その財源に原発拡大に使用してきた電源開発促進税収を活用することで、需要側の負担軽減を図るべきである。再生可能エネルギー熱普及制度についても、ドイツで効果を挙げている、新築建築物に一定の再生可能エネルギー熱利用設備導入を義務づける制度などを検討すべきである。

また、炭素税も導入すべきである。企業などに燃料削減を促し、また建築物の断熱規制強化や省エネ機器規制強化で、地域の小口事業者や家庭でも投資のルールを充実し、地域に低炭素のインフラをつくっていくこと、前述の省電力支援制度を省エネ全体に全国規模で拡大していくことなども企業など広範な温暖化対策を後押しする。税収は福祉や再生可能エネルギー普及に使用すればよ

い。

「排出量取引（総量削減義務化）制度」は、国内大口排出事業所、とりわけ排出の6割以上を占める電力・石油・鉄鋼・化学・セメント・製紙6業種の事業所などに、省エネと石炭依存縮小を計画的に進める政策である。ポイントは、大口全体で25％以上の削減を定め総量削減義務を割り振ること、発電所も総量削減を課すことである。これは排出削減政策であると同時に、経済的には復興と投資のルールを定めることで、環境投資や雇用を増加させ、大規模排出者にとっても光熱費減と化石燃料依存リスク低下により競争力を高めることができる一石二鳥の制度である。

また、電力会社ごと縦割の送電網のために、西日本の電気を被災した東日本にわずかしか送れない問題が明らかになった。再生可能エネルギーの拡大と電力安定供給には、送電網を全国版のスマートグリッドにつくりかえ、地域独占的な電力会社体制も変えていくことが必要である。

（4）国際制度

今後の温暖化対策強化をめざす国際交渉では、科学の要請に応え、将来の被害をおさえるため、「先進国の制度強化」（京都議定書の目標強化）、「途上国を含む制度強化」の2本建てで議論が進んでいる。これに対し、日本、カナダ、ロシアの3カ国が「京都議定書の延長反対」を主張して抵抗している。日本を含む先進国が目標を強化しなければ途上国の対策強化も期待できず、対策を先送りして気候変動が激化すれば将来世代の生存地盤が揺らぐ。日本の25％削減国内対策に問題があるとは考えられず、温暖化対策が経済への悪影響を与えるという主張にも根拠がない。現実に温室効果ガスを大幅に削減している諸国で、経済が停滞しているという事実はみられない。世界の対策強化のため、日本は国内25％削減目標を引き続き確約すべきである。震災を受けた日本が25％目標を堅持し、途上国支援も含めて表明することは、途上国の理解を深め、対策強化を促す契機になり、国際的評価も高まるはずだ。気候変動の被害を最低限に抑えるため、国際協力に努めるべきである。

（5）経済や雇用との関係

原子力発電所の事故は、震災被害者の捜索・救助、被災地の生活の回復、震災復興の大きな妨げになっているだけでなく、震災を直接受けなかった全国の

国民生活、農林水産業だけでなく製造業・第三次産業など日本の多くの企業活動や輸出に大きな悪影響をもたらした。経済や雇用だけを考えても、原発中心のエネルギーへの復帰はありえないだろう。

　一方、温暖化対策は、日本の雇用拡大、震災復興と地域雇用拡大にも効果がある。25％削減は、同時に年間20～25兆円もの化石燃料輸入を大幅に減らし、先に挙げた対策需要により国内産業需要や雇用拡大にまわし、さらに輸出の4分の3を占める機械産業などが省エネ製品・再生可能エネルギー製品の競争力強化をすることでもある。日本と同じ工業国であり、日本と異なり脱原発を図り、省エネと再生可能エネルギー普及を国民参加で進めてきたドイツでは、すでに電力の17％を再生可能エネルギーで賄い、再生可能エネルギー産業の発展、それによる37万人の雇用創出、農村の活性化等の好影響をもたらしている。

　震災復興のエネルギー投資を従来の集中型エネルギーではなく、地域で省エネと再生可能エネルギー普及を進めれば、農林業や地域産業の発展も期待することができる。

（6）まとめ

　今回の震災と事故で、原発のリスクは誰の目にも明らかになった。

　震災復興と温暖化対策、2020年温室効果ガス25％削減は両立する。被災地の復興、健全な産業発展、雇用創出、農山村地域の活性化のためにも、25％削減に向け、再生可能エネルギーや省エネを柱とする政策を強化すべきである。

　政策の立案や実現には多くの知恵を結集していく必要がある。日本環境学会も積極的に協力していきたい。

おわりに

　日本を再生可能エネルギー中心の社会にすることは十分に可能です。将来のエネルギー需要を賄うために必要な再生可能エネルギー資源は日本に十分に存在します。その普及において市民参加を重視した政策をとることで、多数の国民の支持と参加を得て普及が加速されます。また、市民主導の再生可能エネルギー普及を推進すれば、社会にさまざまな好影響がもたらされ、持続可能な社会への発展にもつながるのです。

　震災地の復興においても、再生可能エネルギー利用の推進を取り入れることが有効です。放射能汚染で食糧生産できない地域でも、再生可能エネルギーの生産は可能な場合があります。菜の花などのエネルギー作物の栽培、バイオガスプラントや太陽光発電所、風力発電所などの設置などです。新たなコミュニティづくりにおいても、政府が協力して再生可能エネルギー100％地域のモデルづくりのような希望を持ったものにしたいものです。

　今こそ、力を合わせて、原発に依存しない再生可能エネルギー重視のエネルギー政策への転換と健全で持続可能な社会を実現しましょう。それは、国際社会に対する責務と同時に未来世代に対する責務も果たす誇り高き取り組みです。

　　　　　　　　　　　　2011年5月　　　　　　　　和田　武

和田　武（わだ・たけし）

1941年和歌山市生まれ。京都大学大学院工学研究科修士課程修了後、住友化学工業㈱中央研究所、大阪経済法科大学、愛知大学を経て、1996年より立命館大学産業社会学部・教授、2006年より同・特別招聘教授、2008年退職。現在、日本環境学会会長、自然エネルギー市民の会代表、経済産業省調達価格等算定委員会委員。工学博士。専門は、環境保全論・資源エネルギー論。

主な著書

単　著　『拡大する世界の再生可能エネルギー』（世界思想社）、『飛躍するドイツの再生可能エネルギー』（世界思想社）、『地球環境論』（創元社、韓国語版が朴憲烈訳で出版）、『新・地球環境論』（創元社）、『地球環境問題入門』（実教出版）、『環境と平和』（あけび書房）

編　著　『環境問題を学ぶ人のために』（世界思想社）

監　修　『21世紀子ども百科・地球環境館』（小学館）

共編著　『市民・地域が進める地球温暖化防止』（和田武・田浦健朗編、学芸出版）

共　著　『地球温暖化を防止するエネルギー戦略』（林智・矢野直・青山政利・和田武著、実教出版）、『地球温暖化防止とエネルギー課題』（日本科学者会議・公害環境問題研究委員会編、水曜社）、『このままだと「20年後の大気」はこうなる』（和田武・石井史著、カタログハウス）、『環境問題を哲学する』（関西唯物論研究会編、文理閣）、『環境思想の研究』（岩佐茂・劉大椿編、創風社）、『21世紀の日本を見つめる』（立命館大学現代社会研究会編、晃洋書房）、『環境展望』Vol.1～5（日本科学者会議公害環境問題研究委員会編、実教出版）など多数。

共訳書　『科学の社会史』（昭和堂）、『科学の方法と論理』（昭和堂）

脱原発、再生可能エネルギー中心の社会へ

2011年5月30日　第1刷
2012年9月5日　第3刷

著　者　和田　武
発行者　久保　則之
発行所　あけび書房株式会社
　　　　〒102-0073　東京都千代田区九段北1-9-5
　　　　電話　03.3234.2571　FAX　03.3234.2609
　　　　akebi@s.email.ne.jp　http://www.akebi.co.jp

組版・印刷・製本／藤原印刷㈱

ISBN978-4-87154-101-5　C3036

あけび書房の好評既刊本　表示価格は本体

憲法9条を護り、地球温暖化を防止するために
環境と平和
和田武著　ご存知ですか？　戦車1時間走行で普通自動車1年分の燃料が消費されることを。戦争はもちろん軍事演習は大変な環境破壊であることを等。目からウロコです！　　1500円

福島原発放射能汚染を考えるために
人間と環境への低レベル放射能の脅威
グロイブ、スターングラス著　肥田舜太郎、竹野内真理訳　高線量よりむしろ低線量放射線の方が危険な場合がある―ペトカウ効果。世界的大労作の初の邦訳本刊行。　　3800円

日本被団協50年史ついに刊行　歴史的大労作
ふたたび被爆者をつくるな
日本原水爆被害者団体協議会編　原爆地獄、被爆者の闘いの記録。後世に残すべき、貴重な史実、資料の集大成。　B5判・上製本・2分冊・箱入り　本巻7000円・別巻5000円（分買可）

被爆者とともに何を勝ち取ったのか
原爆症認定訴訟が明らかにしたこと
東京原爆症認定集団訴訟を記録する会編　放射能被害の恐ろしさを命をかけて訴え続けた被爆者達。そして共に闘った弁護団、医師、市民達。早坂暁氏絶賛推薦の感動の記録集。　3800円

核兵器廃絶のために
ヒロシマを生きのびて
肥田舜太郎著　林京子寄稿　映画「ヒバクシャ」でも著名な、時代を疾駆する熱血被爆医師の戦後自分史。反核運動、被爆者救援運動、民主医療運動の歴史とドラマがここにある。　2000円

ドキュメント●21世紀への伝言
あの水俣病とたたかった人びと
矢吹紀人著　今世紀最悪の公害。ひた隠しにする行政と企業。被害者への偏見と差別。被害者の命がけの闘いと、それを支え、ともに闘った人びとの感動のドラマ。多氏絶賛！　1600円